Lüse Weilai Congshu

U0724115

本人书编委会 刘子波

王　潇

张丽萱◎编著

绿色未来丛书

▼

生存与毁灭：
地球的哭泣

世界图书出版公司

广州·北京·上海·西安

图书在版编目（CIP）数据

生存与毁灭：地球的哭泣／《绿色未来丛书》编委
会编著．—广州：广东世界图书出版公司，2009.12 **（2024.2 重印）**
（绿色未来丛书）
ISBN 978－7－5100－1467－3

Ⅰ．①生…　Ⅱ．①绿…　Ⅲ．①环境保护－青少年读物
Ⅳ．①X－49

中国版本图书馆 CIP 数据核字（2009）第 216977 号

书　　　名	生存与毁灭：地球的哭泣	
	SHENG CUN YU HUI MIE DI QIU DE KU QI	
编　　　者	《绿色未来丛书》编委会	
责任编辑	刘国栋	
装帧设计	三棵树设计工作组	
出版发行	世界图书出版有限公司　世界图书出版广东有限公司	
地　　　址	广州市海珠区新港西路大江冲 25 号	
邮　　　编	510300	
电　　　话	020-84452179	
网　　　址	http://www.gdst.com.cn	
邮　　　箱	wpc_gdst@163.com	
经　　　销	新华书店	
印　　　刷	唐山富达印务有限公司	
开　　　本	787mm×1092mm　1/16	
印　　　张	13	
字　　　数	160 千字	
版　　　次	2009 年 12 月第 1 版　2024 年 2 月第 7 次印刷	
国际书号	ISBN　978-7-5100-1467-3	
定　　　价	49.80 元	

"光辉书房新知文库"

总策划/总主编:石　恢

副总主编:王利群　方　圆

本书作者

刘子波　王　潇　张丽萱　于勤武　文　诚　李　力

序：蓝色星球　绿色未来

　　从距离地球 45000 公里的太空上回望，我们会发现，地球不过是一个蓝色小球，就像小孩玩耍的玻璃弹珠。但就是这么一个"蓝色弹珠"，却养育了无数美丽的生命，承载着各种各样神奇的事物。人类从这个小小的星球中诞生，并慢慢成长，从茹毛饮血、刀耕火种的时代一步步走来，到今天社会文明、人丁旺盛、科技发达，都有赖于这个小小星球的呵护与仁慈的奉献。

　　当人类逐渐强大，有能力启动宇宙飞船进入太空，他却没有别的地方可去，因为到目前为止，人类只有一个地球，只有一个家园。

　　地球上有两种重要的色彩，一个是蓝色，一个是绿色，蓝色是海洋，绿色覆盖大地，在太空看地球是蓝色，生活中却是绿色环绕，这两种色彩覆盖着地球的大部分表面；原始生命从海洋中孕育，在森林中成长，经过漫长的进化造就人类，有了水和植物，再通过光合作用，提供生命活动所不可缺少的能源，万物因此获得生机，地球因此成为人类的家园。但是，人类在和以绿色植物为主体的自然界和谐相处数百万年后，危机出现了，由于人类活动的加剧，地球上的绿色正在快速地消失。

　　在欲望和利益的驱使下，在看似精明、实则愚蠢的行为下，令人忧心的事情一再发生。森林被砍伐；河流变黑变臭；城市总是灰蒙蒙、空气中弥漫着悬浮颗粒物和二氧化硫；耕地一年比一年减少、钢筋混凝土建筑一年比一年增多；山头或寸草不生、农田或颗粒无收；臭氧层空洞、冰川融化、酸雨浸蚀；野生动物灭绝的消息不断传来、食品安全事件层出不穷……绿色的消失既是事实，也是象征，病变、震撼、全球污染、地球生病了，地球在哭泣。

近年来，无数的数据和现象都在逼近一个问题，人类贪婪无度，地球不堪重负，人类已经走到一个紧要关头，生存还是毁灭？

如果我们再次来到太空回望地球，你能想象它失去蓝色的样子吗？一个没有水的星球，可能是火星、木星、土星，但绝不是地球。同样，人类能失去绿色吗？失去绿色的星球，将不再是人类的家园。

从现在开始，我们可以改变以往的观念，而接纳新的绿色思维——人不能主宰地球，而是属于地球；我们应更多地学习环保先锋、追随环保组织，参与绿色行动；我们不仅关注国家社会，还关注身边的阳光、空气和水，关注明天是否依然；在日常生活中，从我做起，知道与做到节约型社会的良好生活习惯。也许你认为自己所做的一切微不足道，但每个人的努力都是宝贵的，留住一片绿色，地球就多一片生机；增添一份绿色，人类就增添一份希望。

如果有机会来到太空，眺望这个美丽的蓝色星球，你会有怎样的愿望？

许它一个绿色的未来！

中华人民共和国环保部副部长

目录
contents

一、地球的美丽与神奇

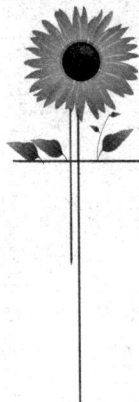

"你是谁?"

"世界从何而来?"

千百年来,人们不断提出这些问题。据我们所知,没有一个文化不关心"人是谁"、"世界从何而来"这样的问题。

——乔伊斯·贾德《苏菲的世界》

（一）从"大地女神"到"暗淡蓝点"

思考，是人类的天性。眼睛，是我们观察世界的窗口。当世界展现在儿童的眼前时，首先是好奇，然后就有了"这是什么？""它为什么会这样？"的疑问。每一个人都带着这样的好奇和疑问长大。整个人类也是如此，从原始人的茹毛饮血，到现代人不断地被科学武装，人类在不断地问着，思考着，解答着。

人从哪里来？无论是一个人的降生，还是整个人类的由来，现代科学都已经给出了答案。当人站在大地上，就有了"大地有多大？""大地是如何形成的？"等一系列疑问。这些疑问，最早就反映在古老的神话中。希腊神话，是世界神话宝库中的珍宝，这些神话昭示着古代人类对于世界的思考和想象。

该亚，是希腊神话中最早出现的神，她被认为是大地之神。开天辟地时，由混沌所生，并与乌拉诺斯结合生了六男六女，十二个泰坦巨神及三个独眼巨神，还有三个百臂巨神，是世界的开始。之后，所有天神都是她的子孙后代。例如著名的"众神之父"宙斯，为人类盗取天火的普罗米修斯，都是该亚的孙子。至今，西方人仍常常以"该亚"作为地球的代称。

在希腊，有一个著名的特尔斐神庙，距离雅典 180 千米，最初它曾是人们祭奠大地之神该亚的地方。在古代，它被希腊人认

为是世界的中心，是天堂与大地相接的地方。希腊神话中，宙斯释放了两只雄鹰，并且让它们朝着相反的方向飞行，雄鹰最终在特尔斐相遇。特尔斐象征着地球的中心，是人类在地球上最接近神明的地方。

20世纪七八十年代，英国科学家洛夫洛克借用神话中的大地之神该亚，提出了著名的"该亚假说"。这个假说认为，一切生物赖以生存的地球，不仅是宇宙中仅有的一个有生命的星球，而且地球自身也是一个生命有机体，她就像一个生物体一样，有自己的新陈代谢，有自己的生命调节体系。地球不是一个无生命的死物，而是一个能够不断自我更新的生命系统。

洛夫洛克说："地球是活着的！"她具有自我调节的能力，这种调节通过陆地、海洋与大气的互相作用来实现，各种生物也参与其中，它们就像人体的细胞和器官，对整个机体的活动都在发挥着自己的作用。为了这个有机体的健康，假如她的自身出现了一些有害因素，该亚就会通过一种有效的反馈机制，将那些有害的因素除掉，就像人体的免疫系统会消灭入侵的细菌和病毒一样。

洛夫洛克认为，"该亚不是一个溺爱子女的母亲，也不是一个柔弱的孩子，她是一个强有力的圣女"。对于人类对生态环境的破坏，她的容忍是有限度的，她不会放任人类一直愚蠢地干下去。

"该亚假说"得到了许多科学家的认可，神话中的该亚，成

为"复活"的女神。

古希腊文明是西方文明的源头。科学史家认为，希腊神话中孕育着科学精神的起源。古希腊有众多的哲学家和科学家，是他们奠定了现代科学的基础。大家都知道，亚里士多德是古希腊时代一个百科全书式的人物，他是柏拉图之后世界最伟大的思想家、哲学家和科学家。亚里士多德生活在公元前300多年，比他早200年时，有一个人叫毕达哥拉斯，是一位著名的数学家和哲学家，他是第一个提出"地球"概念的人。

毕达哥拉斯认为，宇宙也是一个球体。由于毕达哥拉斯在学术上的巨大影响，以至形成了一个毕达哥拉斯学派，这个学派认为，宇宙的中心有一个"中心火"，所有的天体都绕着它转动。当时已经知道的天体，有地球、月亮、太阳、金星、水星、火星、木星和土星等，他们甚至绘制了宇宙结构图，在这个图中，以"中心火"为中心，各个星球依次排列为同心圆状，太阳就像地球一样，只是其中的一个围绕"中心火"转动的星体。这是人类最早的宇宙观。

当亚里士多德去世后不久，在毕达哥拉斯的故乡，有一个叫阿里斯塔克的人，长期着迷于天文观测，最终提出了自己的宇宙观，他认为恒星是不动的，地球等行星是绕着太阳运动的。也就是说，阿里斯塔克提出了"日心说"，这个学说比人们熟知的哥白尼日心说早了近两千年。但是，阿里斯塔克的学说太超前了，就像后来孟德尔发现生物遗传定律没人注意一样，阿里斯塔克的

"日心说"一直要等到近两千年后，才由哥白尼重新发现。比较而言，孟德尔还是幸运的，他的学说在 30 多年后就被重新发现并得到承认。

"给我一个支点，我可以把地球撬起来!"说这话的人是阿基米得，他与阿里斯塔克是同时代人。这样一句千古名言，证明那个时代的人已经知道，地球是在宇宙中"悬浮"着的。

古希腊人不满足于知道地球是一颗行星，还有人想知道"地球有多大"，这个人就是埃拉托色尼。他与阿基米得和阿里斯塔克是同时代人，擅长几何计算。埃拉托色尼认为，假如地球真是一个球体，那么，在地球上的不同地方，太阳光线与地平面的夹角就会不同，只要测出这个夹角的差以及两地之间的距离，就可以计算出地球的周长。

终于有了这样一个机会。埃拉托色尼听说埃及的塞恩这个地方，就是今天的阿斯旺，夏至这天中午时，太阳的光线可以直射到井底，表明这时太阳正垂直于地面。埃拉托色尼根据赛恩到亚历山大城之间的距离，测出了夏至这天中午时，亚历山大城一根垂直竹竿的长度和它的影长，由此计算出了地球的周长。埃拉托色尼计算出的地球周长是 25 万希腊里，约合 4 万千米，与地球的实际半径只差 100 多千米!

埃拉托色尼是了不起的，两千多年以前他对地球就有了这样精确的认识。

当时光流转到公元 1960 年代，人类早已不再满足于站在地

球上认识地球，而是向往飞上太空。

1961 年 4 月 12 日，是一个被人类永远记住的日子。这一天莫斯科时间上午 9 时零 7 分，苏联宇航员加加林，乘坐"东方 1 号"宇宙飞船飞向太空。在最大高度为 301 千米的轨道上，绕地球一周，历时 1 小时 48 分，然后返回地面。

这是人类首次利用航天器载人太空飞行，实现了人类进入太空的梦想。之后，美国开始了宏大的"阿波罗登月计划"，历时 11 年，将人类的登月梦想，变为实际行动。

1969 年 7 月 16 日，在美国肯尼迪航天中心，总高度达到 110 米的巨大的"土星 5 号"火箭，载着"阿波罗 11 号"飞船和 3 名宇航员，离开地球飞往月球。4 天后，阿姆斯特朗踏上了月球，首次实现了人类登月的梦想。阿姆斯特朗曾感慨地说："这是一个人的一小步，却是人类的一大步。"

今天每一个飞行在太空中的宇航员，都会在空中仔细地观看地球，并对地球的美丽发出由衷的赞叹。在当年的阿波罗登月行动中，宇航员拍下了大量的地球照片，其中最被人称道的，是由"阿波罗 17 号"飞船宇航员所拍摄的地球照片。这张照片被冠以漂亮的名字，叫做"蓝色弹珠"。

拍摄这张地球照片时，飞船正运行到距离地球 45000 千米的高度。这时飞船正背向太阳，此时对于身在太空的宇航员来说，他所看到的地球的大小，就像小孩子玩耍的蓝色弹珠一样。美国东部时间的 1972 年 12 月 7 日凌晨，飞船飞向太空后的几小时，

7

正是非洲大陆的白昼，再加上时间接近冬至，南极洲正受到太阳的正面照射，因此，就有了这张高清晰的"蓝色弹珠"地球照片。照片覆盖的范围从地中海地区到南极洲冰盖，几乎整个非洲大陆都可清晰地看到。

这是一个不寻常的记录，这是一张历史性的照片。全人类都借助于这张照片，看到了地球的真面目。

美丽的"蓝色弹珠"

"蓝色弹珠"是人类在高空所看到的地球，它美丽动人。地球上的高山、大海、绿地、荒漠，都幻化成一片诱人的蓝色，能

够分清的只是大陆和海洋，它们都折射着太阳的光辉。地球犹如一个羞涩的少女，掩饰着她姣好的容貌，将美丽的轮廓展示给人类。

人类几千年一直在探索着地球，但就像我国诗人苏东坡在诗中所说，"不识庐山真面目，只缘身在此山中"。一旦飞到太空，回眸一看，地球——人类的家园，竟以一种梦幻般的形态，悬浮在茫茫太空。这是人类从来没有想到的。任你翻遍世界文学史上的任何一部名著，科学史上任何一部专著，都不能找到对地球的这样一种想象与描述。亚里士多德是伟大的、博学的，他没有想到；歌德是天才的，他对地质地貌颇有研究，他同样没有想到。

文学家和科学家没有想到的，加加林和阿姆斯特朗看到了。高性能的摄像机代替了人的眼睛，它为人类捕捉了地球的瞬间，为它留下了"蓝色弹珠"这个永恒的影像。

在地理课上，当你看着世界地图，你会想到这"蓝色弹珠"；当你看着"蓝色弹珠"这幅地球照片，你会想象到，你就是太空中的宇航员，那是你眼中的地球家园。

人类并不满足于在45000千米的高度看地球，能否在更高的高度看地球，看地球在太阳系中的位置究竟在哪里，成为新的追求。

1977年9月5日，美国发射了无人外太阳系太空探测器——"旅行者1号"，这个太空探测器至今仍在太空中执行着探索任务，飞向更遥远的宇宙空间。"旅行者1号"已经访问过木星和

土星，它是目前离地球最远的人造飞行器。1990 年 2 月 14 日，旅行者 1 号太空探测器接受来自地球的指令，转身向后，拍摄了它所探访过的行星，在这一系列照片中，美国国家航空航天局最终翻译编辑成了"太阳系全家福"照片，其中一张照片刚好把地球摄于镜内。地球在这张从 40 亿英里外（64 亿千米外）拍摄的照片中，就是太阳光束中一个渺小的"暗淡蓝点"。

太阳系的行星

"暗淡蓝点"是人类在更遥远的太空中，找到自己的家园的证据。它告诉地球人，我们在哪里。美国著名天文学家卡尔·萨根对"暗淡蓝点"有一段含义深刻的解释：

我们成功地（从外太空）拍到这张照片，细心再看，你会看见一个小点。就是这里，就是我们的家，就是我们。在这点上有所有你爱的人、你认识的人、你听过的人、曾经存在过的人在活着他们各自的生命。集合了一切的欢喜与苦难、上千种被确信的

宗教、意识形态以及经济学说，所有猎人和抢劫者、英雄和懦夫、各种文化的创造者与毁灭者、皇帝与侍臣、相恋中的年轻爱侣、有前途的儿童、父母、发明家和探险家、教授道德的老师、贪污的政客、大明星、至高无上的领袖、人类历史上的圣人与罪人，统统都住在这里——一粒悬浮在阳光下的微尘。

卡尔·萨根进一步指出，我们的星球只是在这被漆黑包裹的宇宙里一粒孤单的微粒而已。正因我们如此不起眼——在这浩瀚之中——是不会从任何地方传来任何提示来拯救我们，一切任由我们自己主宰。

（二）沧海桑田　创造生命奇迹

"我是一条天狗呀！

我把月来吞了，

我把日来吞了，

我把一切的星球来吞了，

我把全宇宙来吞了。

我便是我了！"

这是诗人郭沫若在诗集《女神》"天狗"中的诗句，它表达了五四时期中国青年的自我崛起和蓬勃生命的绽放。天狗吞月，是我国民间一个古老的神话传说。

在古时候，当月食或日食发生时，人们解释不了这种奇怪的现象，就借助于想象力，创造了"天狗吞月亮""天狗吃太阳"的神话。至今在民间，每当看到月食或日食时，缺少科学知识的人，仍会重复这样一个古老的说法。"天狗"是什么？它会比太阳、月亮还大，能够吞吃它们？在我国古老的《山海经》一书中，"西山经"中就有"天狗"的说法，原文是："又西三百里，曰阴山。浊浴之水出焉，而南流注于番泽，其中多文贝。有兽焉，其状如狸而白首，名曰天狗，其音如榴榴，可以御凶。"就是说，天狗是一种像狸猫的兽类，能够抵御凶祸。

"天狗"当然是不存在的，但宇宙、太阳、地球是怎么来的，不同的民族、不同的文化背景，有不同的说法。在我国，有盘古开天辟地的神话传说；在西方，基督教所宣扬的，是上帝创造世界。无论哪一种说法，都相信宇宙原是一片混沌，这种想象看起来不无道理，距离科学的理论认知并不遥远。

在现代，一种广为认可的宇宙演化理论，是宇宙从温度和密度都极高的状态中由一次"大爆炸"产生，时间在137亿年前。

20世纪40年代，美国天体物理学家伽莫夫等人正式提出了宇宙大爆炸理论。该理论认为，宇宙在遥远的过去曾处于一种极度高温和极大密度的状态，这种状态被形象地称为"原始火球"。所谓原始火球也就是一个无限小的点，现在的宇宙仍会继续膨胀，也就是无限大，有可能宇宙爆炸的能量散发到极限的时候，宇宙又会变成一个原始火焰即无限小的点以后，火球爆炸，宇宙

就开始膨胀，物质密度逐渐变稀，温度也逐渐降低，直到今天的状态。这个理论能自然地说明河外天体的谱线红移现象，也能圆满地解释许多天体物理学问题。

"大爆炸宇宙论"认为：宇宙是由一个致密炽热的奇点，于137亿年前一次大爆炸后膨胀

这样一个学说，从 1948 年伽莫夫建立以来，通过天文物理学家们几十年的努力，为我们勾勒出了这样一幅宇宙演化图景：

宇宙起源于原始的热核爆炸，化学元素依次产生于大爆炸后的中子俘获过程。

大爆炸开始时约 137 亿年前，极小体积，极高密度，极高

13

温度。

大爆炸前 10～43 秒，宇宙从量子背景出现。

大爆炸前 10～35 秒，同一场分解为强力、电弱力和引力。

大爆炸前 10～5 秒，温度为 10 万亿度，质子和中子形成。

大爆炸后 0.01 秒，温度为 1000 亿度，光子、电子、中微子为主，呈热平衡态，体系急剧膨胀，温度和密度不断下降。

……

大爆炸后 13.8 秒后，温度降至 30 亿度，氘、氦类化学元素形成。

大爆炸后 30 万年后，温度降至 3000 度，化学结合作用使中性原子形成，宇宙主要成分为气态物质，并逐步在自引力作用下，凝聚成密度较高的气体云块，直至形成恒星和恒星系统。

如果将宇宙的诞生时间比如为三天前，那么，地球则是在两天前诞生的，具体时间约为 46 亿年。

地球是伴随着太阳系诞生的，在太阳系诞生之初，是由尘埃与气体组成的，它呈巨大的云团形态，不断旋转，引力与惯性将云团压成为一个圆碟状。引力又使得物质环绕尘埃粒子不断紧缩，最终使得圆碟的剩余部分分解开，一些细少的碎片则互相碰撞，组成较大的碎片，最后就形成太阳的行星，这其中有一个就是地球。

有一种学说认为，在地球形成时，旋状的原始地球遭遇了另一个形成中的星体的碰撞，碰撞使大部分地壳被喷出，而这个星

体的一些重金属则沉入地球的地核内，它所剩余的物质和地球的喷出物重新形成一个新的球体，这就是月球。人们相信，这次撞击使地球的自转轴倾斜了 23.5°，导致地球后来出现了四季变化，并由此可能加速了地球的自转速度，使地球出现了最初的板块构造。

在地球形成的初期，小行星与太阳系形成后剩余的物质不断撞击地球。这些撞击与放射性崩解产生的热、残热与收缩压力产生的热相结合，使得地球完全处于一种熔融状态。在这个过程中，较重的元素沉向中心，较轻的元素升至表面，从而形成了地球的不同圈层。随着时间的推移，地球表面慢慢冷凝，大约在1亿5千万年内，形成了固体的地壳。

在原始地壳形成时，地球不断遭受各种星体的撞击，而内部的高温高压则引起火山喷发，由此逃逸出的气体，形成了地球的原始大气。原始大气层含有氨、甲烷、水蒸气、二氧化碳、氮气和其他含量较少的气体，但没有氧气，这时也没有臭氧层，因此强烈的紫外线大量照射在地球表面。

当流星撞击地球时，也不断带来水，地球本身岩石中大量的结晶水，也由于高温而从矿物中分离出来，形成大量的水蒸气，伴随着地球的冷却，38亿年前云层开始形成，有了降雨，雨水落下逐步汇成原始海洋。

有证据表明，地球在水圈形成之后不久，原始生命就诞生了。在南非巴布顿地区发现的地球上最古老的生命记录，距今已

经38亿年。这个时间与科学家们的研究和推测是一致的。

在世界各地，有一种岩石叫做"条带状磁铁石英岩"，世界上许多大型铁矿都是这种岩石，我国的鞍钢、首钢的矿区就是这种岩石。科学家认为，这种岩石的形成，可能是生命参与作用的一个重要证据。

在早期陨石撞击事件中，由于大量的陨铁落到地球，地球表层的铁和硅的含量很高，海水中充满了这些物质。但这样的铁和硅很难沉积下来，只有在一些厌氧生物的帮助下，才会形成沉积物。厌氧生物死亡后，也随沉积物的形成残留其中，就形成了含有早期生命遗迹的条带状磁铁石英岩。这个过程也逐渐地改变了大气圈的化学成分，使大气中的二氧化碳逐渐减少，氧气逐渐增多，慢慢地演变成今天的大气。

寒武纪（约5亿年以前）早期水下生物景观图

海洋是生命的摇篮，原始生命诞生于原始海洋。原始生命的形成，经历了漫长的过程，它从有机物小分子物质，形成有机物

高分子物质，再进一步形成多分子体系，然后才成为原始生命。原始生命是地球生命的起点，它就像星星之火，最终形成燎原之势，遍布于地球的各个角落，把地球装扮得生机勃勃，五彩缤纷。

科学家经过大量的研究发现，地球生命的发展并不呈均匀的直线式，而是螺旋式的。在最初的 5 亿年中，生命的进化很缓慢，直到有一天发生了爆炸式的增长，这种增长大约在 5.7 亿年前的寒武纪初期出现。"寒武纪"是地质史上的一个年代，因最初在英国的一座小山发现独特的地层结构而得名。寒武纪开始，无脊椎动物的绝大多数门类，在几百万年的很短时间内出现了。这种几乎是同时地、突然出现的众多生物种类的现象，被人们称之为寒武纪生命大爆发。

多少年来，人们对于寒武纪生物发现最多的是三叶虫化石，并因此将寒武纪称之为三叶虫时代。1984 年，我国科学家在云南省澄江县，首次发现大量的寒武纪动物化石群，后来这个发现被称为"澄江动物群"。这里保存了十分珍稀的动物软体构造，首次栩栩如生地再现了远古海洋生命的壮丽景观，成为"寒武纪生命大爆发"最有力的证据。这个发现在国际上被誉为"20 世纪最惊人的科学发现之一"，它为揭开地球早期生物进化的奥秘，开启了一扇宝贵的科学之窗。

云南"澄江动物群"的发现说明，在寒武纪早期，动物多样性的基本体系已经建立起来。这个时期的海洋生态系统已经有了

相当完整的食物链。尤其"云南虫"的发现，它将包括人类在内的脊椎动物的历史向前推进了1000多万年。

大约在4亿年前，原始的蕨类植物开始出现，历经近1亿年的时间，大地披上了绿装，地球出现了由真蕨、种子蕨等植物构成的原始森林。同时爬行动物开始出现。这时地球的陆地与海洋，一派生机。到约2亿年前，银杏、松柏类植物繁盛，地球进入了恐龙时代。当恐龙在6500万年前走向消亡时，哺乳动物开始繁荣，到300多万年以前，在非洲大陆出现了最早的人类。由此，地球进入了一个全新的时代。

当地球生物经历由简单到复杂、从水生到陆生的进化过程时，是伴随着沧海桑田的变迁而发生的。在5亿多年前的寒武纪生命大爆发时，地球的大陆和海洋并不像今天的分布格局，而是呈若干块大陆分散分布于大洋中的。那时，南北两极是没有陆地的，而是被广阔的海洋所占领。到2.5亿年前，那些分散分布的大陆逐渐漂移到一起，形成所谓"联合古陆"，有了今天大陆分布的雏形，也就是在这个时期，恐龙所代表的爬行动物开始成为动物界的主人。

后来，联合古陆又发生了分离，在其中的两块大陆之间形成大西洋，南美与非洲大陆分离开来；澳洲和南极洲离开非洲和印度大陆，各自独立漂移出去，印度洋出现。这时的北美、欧洲和亚洲大陆仍连在一起。当恐龙走向灭绝时，印度板块从原有大陆中分离出来，以很快的速度越过赤道向北漂移，向亚洲大陆靠

近，最终导致著名的喜马拉雅运动，使原来位于大洋之下的这个地区逐步抬升，最终形成青藏高原，和高高的喜马拉雅山。与此同时，北美与欧亚大陆分离远去，逐步形成现代大陆与海洋的格局。

可以说，现代地球上的高山大川，都是在这最后的大陆漂移过程中逐步形成的。亚洲的喜马拉雅山脉、欧洲的阿尔比斯山脉，以及长达6000多千米的东非大裂谷，都是在这个过程中形成的。由于海陆变迁的巨大变化，地球的气候也在剧烈的变化着。一批批动植物物种，在不断地适应着，斗争着，旧的物种消失了，新的物种又诞生了。

生命，在这剧烈的环境变迁中展现着美丽和顽强。

（三）被包裹与呵护的地球

我们居住的地球被一层大气圈所包围，大气圈随地球一道转动，形成一个整体。如果我们从星际空间去看地球，大气圈就像一层淡蓝色透明的外衣紧裹着地球，透过这层透明的外衣，可以清晰地看到地面上的山脉、海洋等。如果把大气圈看作气体的海洋，我们就生活在这个海洋的底部。简而言之，大气层或大气圈是围绕着地球的一层空气，是地球外圈中最外部的气体圈层，包围着海洋和陆地。

安徒生童话《皇帝的新装》中描写了一位愚蠢的皇帝，身披

着透明的"衣服"，在全体国民面前举行盛大的游行，丢尽了自己的颜脸。地球的衣服也是透明的，不过皇帝的新装是虚无的，而地球的衣服是真实存在的。大气层重达5300万亿吨，如此沉重的外衣，地球能穿得动吗？不必担心，考虑到地球的体重有60万亿亿吨，大气层的质量只占地球总质量的百万分之一，所以地球穿上这件外套，简直是轻若无物。设想一下自己穿上质量为0.05克的服装的感受，就不会为地球担心了。那么地球外衣的材料主要是什么呢？

　　原始大气主要是二氧化碳、一氧化碳、甲烷和氨等组成。地球在分异演化中，不断产生大量气体，经过"脱气"逃逸到地壳之外，也是大气的一个来源。绿色植物出现之后，在光合作用中吸收二氧化碳，放出游离氧，对原始大气缓慢地氧化，使一氧化碳变为二氧化碳，甲烷变为水汽和二氧化碳，氨变为水汽和氮。光合作用不断进行，氧气从二氧化碳中分异出来，最终形成以氮和氧为主要成分的现代大气。现在大气中氮占总体积的78.09%，氧占20.95%，氩占0.93%，二氧化碳占0.03%，以及微量的氖、氦、氪、氙、臭氧、氡、氨、氢等。此外还有水汽和尘埃微粒等。大气层的空气密度随高度而减小，越高空气越稀薄。大气层的厚度大约在1000千米以上，但没有明显的界限。整个大气层随高度不同表现出不同的特点，分为对流层、平流层、中间层、暖层和散逸层，再上面就是星际空间了。

　　对流层在大气层的最低层，紧靠地球表面，其厚度大约为10

～20 千米。对流层的大气受地球影响较大，云、雾、雨等现象都发生在这一层内，水蒸气也几乎都在这一层内存在。这一层的气温随高度的增加而降低，大约每升高 1000 米，温度下降 5℃～6℃。动、植物的生存，人类的绝大部分活动，也在这一层内。因为这一层的空气对流很明显，故称对流层。对流层以上是平流层，大约距地球表面 20～50 千米。平流层的空气比较稳定，大气是平稳流动的，故称为平流层。在平流层内水蒸气和尘埃很少，并且在 30 千米以下是同温层，其温度在－55℃左右。平流层以上是中间层，大约距地球表面 50～85 千米，这里的空气已经很稀薄，突出的特征是气温防高度增加而迅速降低，空气的垂直对流强烈。中间层以上是暖层，大约距地球表面 100～800 千米。暖层最突出的特征是当太阳光照射时，太阳光中的紫外线被该层中的氧原子大量吸收，因此温度升高，故称暖层。散逸层在暖层之上，为带电粒子所组成。

　　除此之外，还有两个特殊的层，即臭氧层和电离层。臭氧层距地面 20～30 千米，实际介于对流层和平流层之间。这一层主要是由于氧分子受太阳光的紫外线的光化作用造成的，使氧分子变成了臭氧。电离层很厚，大约距地球表面 80 千米以上。电离层是高空中的气体，被太阳光的紫外线照射，电离成带电荷的正离子和负离子及部分自由电子形成的。电离层对电磁波影响很大，人们可以利用电磁短波能被电离层反射回地面的特点，来实现电磁波的远距离通讯。

　　大气中含量最多的成分是氮，按体积比占 78％。大气中的氮能冲淡氧，使氧不致太浓，氧化作用不过于激烈。在常温下，分子氮的化学性质不活泼，人和动物不能直接利用它，但植物的生长却离不开它。氮是植物制造叶绿素的原料，也是制造蛋白质的原料。氮还是制造化学肥料的原料。豆科植物可通过根瘤菌的作用，固定到土壤中，成为植物生长所需的氮肥。

　　大气中含量排在第二位的是氧。氧是人类及其他动植物呼吸、维持生命不可缺少的气体。此外，氧还决定着有机物质的燃烧、腐败及分解过程。

　　大气中的氧分子分解为氧原子，每个氧原子又与另外的氧分子结合就形成了另外一种气体——臭氧，因其有一种特殊的臭味而得名——臭氧。臭氧通常呈浅蓝色。在常压下，当温度降至 −112.4℃ 时，气体臭氧就变为暗蓝色的液体。当温度降至 −251.4℃ 时，它就凝固成紫黑色的晶体。

　　大气中臭氧的含量很少，而且随着高度的变化而变化。在近地面层臭氧含量很少，从 10 千米高度开始逐渐增加，在 12～15 千米以上含量增加特别显著，在 20～25 千米高度处达最大值，再往上，臭氧的含量逐渐减少，到 55～60 千米高度上就极少了。

　　在水平方向上，臭氧的分布也有所不同。赤道和低纬度的臭氧含量最少，随着纬度的增高，臭氧含量也增加。臭氧也有季节变化和日变化。北半球高纬度地区，春季臭氧含量最大，秋季最小。

　　臭氧能大量吸收太阳紫外线，使极少量的紫外线到达地面，使地面上的生物免受过多紫外线的伤害。少量的紫外线能杀菌防病，促进机体内维生素 D 的形成，有利于机体增大和防止佝偻病。

　　二氧化碳是无色、无臭、无味的气体。燃料的燃烧，有机物的腐化以及动、植物的呼吸都产生二氧化碳。同时，二氧化碳又是植物在光合作用下生长的原料。绿色植物在新陈代谢过程中，吸收二氧化碳，合成碳水化合物和其他物质。

　　二氧化碳对太阳辐射吸收很少，却能强烈吸收地面辐射，使从地表往外辐射的热量不易散失到太空中去。

　　大气中的水汽主要来自海洋、湖泊、河流和潮湿物体表面的水分蒸发。海洋面积约占地球表面积的70％。平均而言，整个海洋表面每年约有100厘米厚的水层转化为水汽，全年由海洋蒸发到空中的水汽达350万亿吨之多；陆地上的河流湖泊、地面上的动植物都在向大气输送水汽。

　　大气是地球上有生命物质的源泉。通过生物的光合作用（从大气中吸收二氧化碳，放出氧气，制造有机质），进行氧和二氧化碳的物质循环，并维持着生物的生命活动，所以没有大气就没有生物，没有生物也就没有今日的世界。地球表面的水，通过蒸发进入大气，水汽在大气中凝结以降水的形式降落地表。这个水的循环过程往复不止，所以地球上始终有水存在。如果没有大气，地球上的水就会蒸发掉，变成一个像月球那样的干燥星球。

没有水分，自然界就没有生机，也就没有当今世界。

大气层又保护着地球的"体温"，使地表的热量不易散失，同时通过大气的流动和热量交换，使地表的温度得到调节。

大气的水热状况，可以影响一个地区的气候的基本特征，进而决定该地区的水文特点、地貌类型、土壤发育和生物类型，从而对地球表面的整个自然环境的演化进程起着重要作用。

大气中含有细微的岩屑和水汽，而地壳岩石中和水体中也有空气存在，它们是互相渗透和互相影响的。大气中的氧和碳酸气，大气的湿度变化以及风雨等，都直接作用于地表的岩石，所以大气的活动对地壳岩石的形成和破坏均有影响。

空气是最宝贵的资源之一，由于到处都有，人们常不觉得其珍贵。

我们每时每刻要呼吸空气，一个成年人一天需要 13～15 千克（10～12 立方米）空气，相当于一天食物重量的 10 倍，饮水的 5～6 倍。据有关资料表明，一个人可以 5 周不吃食物，5 天不喝水，但缺空气 5 分钟就不行，而且需要新鲜空气。

20 世纪以来，在现代工业和交通迅猛发展的过程中，工业和人口高度集中，烟囱排出大量废气，汽车放出大量尾气，弄得城市上空烟尘滚滚，有时甚至恶臭难闻。40～50 年代，接连出现烟雾事件，严重危害人类的健康。近年来，人类呼吸道疾病和心血管疾病急剧上升，直接或间接与大气污染有关。

试想，如果地球不穿上这件大气的"外衣"，地球会是什么

样子呢？

如果地球不穿上这件大气的"外衣"，从宇宙太空飞来的大量陨石，将会不断地袭击地球。这种宇宙太空飞来的"子弹"，比我们地球上步枪子弹的速度要高几十倍。据估计，一昼夜射向地球的这种"子弹"有成千上万颗。如果没有大气层的阻挡，那地球将将同月亮一样，弹丸满身，伤痕累累，人的生命受到威胁。

如果没有大气，地球上的白昼和黑夜也会变得与现在完全不一样：当太阳刚刚从地平线上升起的时候，漆黑的夜晚会一下子变成通亮的白天，而当太阳刚刚下山时，通亮的白天会一下子变成漆黑的夜晚，根本没有黎明时的曙光和黄昏时的暮色。天空也不是蓝色的了，太阳所在的部位是明亮的，其余部位则是黑暗的；地面上，阳光照射到的地方是明亮的，没被照射到的部位是黑暗的。黑与白截然分明。

如果没有大气圈，白天阳光毫无阻挡地曝晒地面，温度一下子升得很高，高得人类无法生存；夜里，地球散热冷却，温度又一下子降得很低，低得人类也无法生存。这样一热一冷的变化，将会把地球上所有的生物热死和冻死，人类和生物界也就不复存在了。

如果没有大气圈臭氧的保护，太阳紫外线将畅通无阻地直达地表，人类和生物界将被它们所伤害。据研究知道，人类皮肤癌的病例的多少，与太阳紫外线来到地表的多少有关。太阳紫外线

越强，得皮肤癌病的人也就越多。

由于有了大气层的保护，以上所提及的种种不幸事情一样也没有发生，地球成为人类及所有生物栖息的快乐家园。

（四）绿色植物编织生命摇篮

地球形成的初期，从外表上看，和太阳系中其他几个行星并没有什么大的区别，在后来的若干年中，地球上出现了海洋。大约30亿年前，地球上出现了植物。最初的植物，结构极为简单，种类也很贫乏，并且都生活在水域中。

经过研究发现，海洋中最早出现的植物是蓝藻和细菌，它们也是地球是早期出现的生物。它们在结构上比蛋白质团要完善得多，但是和现在最简单的生物相比却要简单得多，它们没有细胞的结构，连细胞核也没有，它们被称为原核生物，在古老的地层中还可以找到它们的残余化石。

地球上出现的蓝藻，数量极多，繁殖快，在新陈代谢中能把氧气放出来。它的出现在改造大气成分上做出了惊人的成绩。在生物进化过程中，逐渐产生能自己利用太阳光和无机物制造有机物质的生物，并且出现了细胞核，如红藻、绿藻等新类型。

由于气候变迁，生长在水里的一些藻类，被迫接触陆地，逐渐演化为蕨类植物，这一时代以后便出现了裸子植物。之后被子植物快速发展起来，被子植物是植物界最高级的一类，整个植物

面貌与现代植物已非常接近，自新生代以来，它们在地球上占着绝对优势，直到现在，还是被子植物的天下。现知被子植物共 1 万多属，约 20 多万种，占植物界的一半，中国有 2700 多属，约 3 万种。就这样，植物在漫长的岁月中，几经巨大而又极其复杂的过程，几经兴衰，由无生命力到有生命力，由低级到高级，由简单到复杂，由水生到陆生，才出现了今日形形色色的植物界。

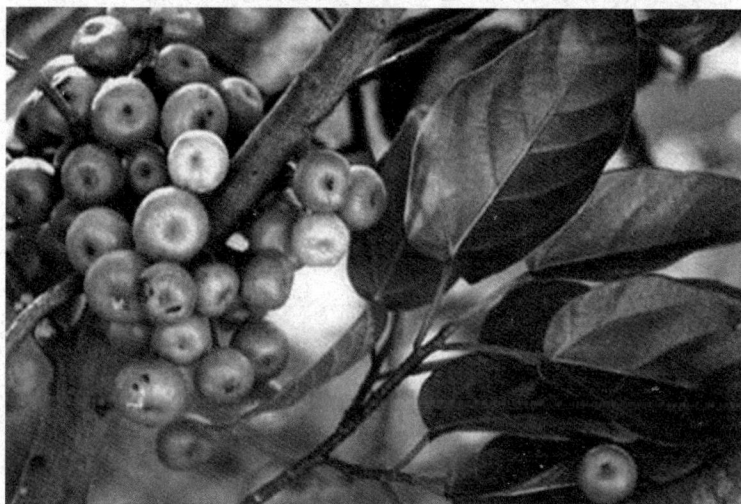

被子植物又称为有花植物或雌蕊植物

地球上最早的陆生植物化石表明，距今 4 亿年前植物已由海洋推向大陆，实现了登陆的伟大历史进程。植物的登陆，改变了以往大陆一片荒漠的景观，使大陆逐渐披上绿装而富有生机。不仅如此，陆生植物的出现与进化发展，完善了全球生态体系。陆生植物具有更强的生产能力，它不仅以海生藻类无法比拟的生产

27

力制造出糖类，而且在光合作用过程中大量吸收大气中的二氧化碳，排放出大量的游离氧，从而改善了大气圈的成分比，为提高大气中游离氧量作出了重大贡献。因此，4亿年前的植物登陆是地球发展史上的一个伟大事件，甚至可以说，如果没有植物的登陆成功，便没有今日的世界。可以说，绿色植物在地球上的出现，不仅推动了地球的发展，也推动了生物界的发展，而整个动物界都是直接或间接依靠植物界才获得生存和发展。

原始植物登陆复原图

地球上所有生物的生命活动所利用的能量最终来自太阳的光能。绿色植物通过光合作用，把光能转变成化学能贮藏在光合作用的有机产物中。这些产物如糖类，在植物体内进一步同化为脂

类、蛋白质等有机产物，为人类、动物及各种异养生物提供了生命活动所不可缺少的能源。人类日常利用的煤炭、石油、天然气等能源物质，也主要由历史上绿色植物的遗体经地质变迁形成的。因此，地球上绿色植物在整个自然生命活动中所起的巨大作用是无可代替的。

除了推动地球和生物界的发展和进化，地球表面土壤的形成，也主要是由植物参与的。细菌和地衣在岩石表面或初步风化的成土母质上不断侵袭，再经苔藓植物、草本植物到木本植物，在漫长岁月中，以强大根系吸收母质中有效矿物质，使养分成有机态，固定在植物体中。植物和别的生物死亡后，尸体经异养微生物分解，部分养料可供植物再利用，另一部分形成腐殖质，使土壤变成具有一定结构和肥力的基质，经过长期利用，使土壤渐趋成熟。这样为一定的植物和动物种类在其中或其上滋生繁衍创造条件，形成一定的生物群落。

在绿色植被中，森林有"地球之肺"之称。这是因为森林大量地吸收二氧化碳，制造人类和其他生物所需的氧气。从城市到山区，我们不仅会感到山野的幽静，更会感到空气的清新。许多道人和僧人长寿，除了他们上山下山的运动使身体得到锻炼外，在很大程度上得益于山林中空气的清新。现代科学已经证明，生活在山林地区的人们患呼吸类疾病的可能性要比生活在城市里的人们少得多。森林对防止水土流失和防风固沙的作用更是显而易见。凡是有森林的地方，一般不会发生洪水，更不会遭受风沙的侵袭。

二、被扯破的地球"外衣"

万里青天，

姮娥何处，

驾此一轮玉。

　　黄庭坚《念奴娇·断虹霁雨》

（一）谁让地球"生病"了？

东非大裂谷，是一个让人类学家梦寐以求的地方，它南起莫桑比克，北达约旦河谷，横贯于非洲大陆的东部，整条裂谷带窄处为几十千米，宽的地方可达 200 千米，裂谷两侧是陡峭的断崖，谷底与断崖顶部的高差，从几百米到 2000 米不等。就像青藏高原在不断的抬升一样，东非大裂谷也在继续扩张。就在这片土地上，随着热带丛林的消失，孕育了地球上最早的人类，后来他们从这里出发，走向世界各地。

有人形容东非大裂谷就像一道伤疤，长在非洲大陆的脸上。其实，更恰当的比喻应当是一道印记，这是地壳运动留给非洲大陆的。地壳运动不仅造就了东非大裂谷，也造就了非洲第一高峰——乞力马扎罗山。

乞力马扎罗山海拔 5895 米，面积 756 平方千米，它位于坦桑尼亚乞力马扎罗东北部，邻近肯尼亚。乞力马扎罗山海拔 5200 米以上为积雪冰川带，在乌呼鲁峰顶有一个直径 2400 米、深 200 米的火山口，由于终年被冰雪覆盖，宛如一个巨大的玉盆镶嵌在这座雄伟的山峰上。然而全球气候的变暖，已导致冰川急速消失。

联合国秘书长潘基文在对坦桑尼亚进行访问期间，他曾有意

识地飞越了这座非洲最高山峰,当他俯瞰峰顶稀少的冰雪后,感慨万千。他对记者说:"气候变化在坦桑尼亚的一个鲜明的写照,便是乞力马扎罗山上正在融化减少的冰盖。在此前我就得知,它在过去几十年当中,正在急剧缩小。今天,我有幸静静地飞掠了这座雄伟的山峰。在我的眼前几乎没有冰雪的踪迹。"

科学家曾估计,气候变暖导致乞力马扎罗山的冰川体积,在过去 100 年间减少了将近 80%,冰川的消失,将对这个地区的生态系统带来严重的破坏。位于山下的坦桑尼亚,80% 的人口以农业为生,正在发生的荒漠化、雨季模式的改变,以及一些地区持续的干旱,都给当地人民的生活带来了挑战。

非洲大陆是一片苦难深重的土地。数百年来,殖民统治、战争和贫穷、疾病让非洲人民陷于重重灾难。在今天,非洲仍然是最贫穷、最落后的大陆,联合国宣布的全球 40 多个最不发达国家中,有 30 多个在非洲。饥饿,一直在困扰着非洲。发生在 20 世纪七八十年代的干旱,使非洲经历了百年不遇的大饥荒,近 2 亿人受到饥饿的威胁,在埃塞俄比亚,大约就有 100 万人死于饥饿。联合国把这次大旱称为"非洲近代史上最大的人类灾难"。

关于这次大饥荒的最著名的记录,来自一幅照片。一只饥饿的秃鹫盯着一个瘦骨嶙峋的小女孩,小女孩正努力向救济中心方向爬去,她全然不知自己即将成为秃鹫的猎物。这幅照片因为真实的记录了发生在非洲的大饥荒,获得了美国著名的普利策摄影奖,但摄影记者凯文·卡特却因为这幅照片而最终自杀。虽然他

在拍完照片后赶走了秃鹫，但他却为自己没有抱起那个小女孩而感到愧疚。获奖后不久，年仅 33 岁的卡特自杀了。这件事曾引起极大的震动。

卡特拍摄的《非洲小女孩》

饥饿源于干旱。干旱使非洲的荒漠化更为严重，原本脆弱的生态环境急剧恶化，大片的植被因为开垦而被毁坏，沙漠在继续扩展，牧场以每年 1000 平方千米的速度在退化。在干旱的荒漠中，有上千万的人背井离乡，沦为"生态难民"。在非洲 50 多个国家中，有 80％的国家不能为其人民提供基本的生存需要。全球因饥饿而死亡的人中，非洲占四分之三。

非洲如此巨大的生态灾难，究竟因何而发生？是地球自身的原因，还是人类的行为所导致？

科学家的一项研究表明，北美、欧洲和亚洲工业国家所产生

的二氧化硫污染，改变了大气的降水状况，它是导致非洲干旱的罪魁祸首，是引发世纪大饥荒的重要原因之一。研究发现，从二氧化硫被排放到空气中那一刻起，它就开始改变云层的物理形成，这样的连锁反应会由近及远，一直波及到遥远的非洲大陆，从而改变那里的降雨，使本来就很少的降雨因此减少50%。这样，二氧化硫并不需要千里迢迢飘浮到非洲，就会对那里的环境形成极大的影响。

二氧化硫排放改变大气环境

1985年，英国科学家的一项重大发现震惊了世界，他们在南极考察时发现南极上空出现了臭氧空洞。臭氧是存在于大气平流层的一层气体分子，由于它能吸收太阳光中的紫外线，因此能够

保护地球上的生物免受灭顶之灾。臭氧空洞并非是一个真实的大窟窿，而是说在南极上空的一定范围内，大气层中的臭氧浓度发生了显著的减少。科学家发现，每年的 8 月下旬至 9 月下旬，在 20 千米高度的南极大陆上空，臭氧总量开始减少，到 10 月初出现最大空洞，面积约 1300 万平方千米，11 月份臭氧才重新增加，空洞消失。

科学家通过连续多年的观察发现，南极臭氧洞的面积在逐年扩大，到 1994 年时，已达 2300 万平方千米，这个范围已超出了南极大陆，甚至蔓延到了南美洲最南端的上空。1995 年观测到的臭氧洞的天数是 77 天，1996 年增加到 80 天，1998 年臭氧洞的持续时间超过 100 天。

为什么会出现臭氧洞？科学家认为可能有多种原因，例如与太阳活动周期有关，受火山和天气过程的影响等，但更重要的是人为因素的影响，如工业生产过程中氯化物的排放，尤其是大量用作制冷剂和雾化剂的氟利昂，是产生南极臭氧洞的重要原因。氟利昂在高层大气中经紫外线分解出氯原子，氯原子会导致臭氧分子发生分解。臭氧洞出现，使大量的紫外线直射地面，就对地球生物构成了极大的威胁。

地球大气中臭氧洞的发现，以及其他一系列环境问题的警示，引起人们对生存环境的普遍担忧，无论是民间还是政府，对地球面临的危机进一步重视。1992 年，联合国在巴西的里约热内卢召开了首次环境与发展大会，这是一次有关世界环境与发展问题规模最大、级别最高的国际会议，是人类环境与发展史上影响深远的一次会议。

在此以前的 1972 年，联合国在瑞典斯德哥尔摩召开了首次人类环境会议，这次会议是在世界各国竞相追求经济发展，而不惜以牺牲环境为代价的背景下召开的。自二十世纪五六十年代以来，工业的发展和农药的使用，给生态环境带来了极大的破坏。这样一种经济发展模式，不仅加剧了世界各国之间的贫富差距，同时引发了能源危机、环境污染和生态破坏等一系列严重的社会和环境问题。为了使世界各国对此有一个清醒的认识，这次会议第一次将环境问题严肃地摆在了人类的面前，它唤起了世人的警觉，使世界各国达成共识，开始把环境问题与世界人口、经济和社会的发展联系起来，寻求一条健康协调的发展之路。

当 20 年后里约热内卢环境与发展大会召开时，人类发现已面临着更严重的环境危机，全球气候变暖、臭氧层出现空洞、酸雨三大全球性环境问题迫在眉睫，这些问题与人类的生存休戚相关，对整个人类的生存和发展形成了严峻的挑战。

出席里约热内卢会议环境与发展大会的，有来自世界 172 个国家的 116 位领导人，以及 9000 多名新闻记者和约 3000 名非政府组织代表。这是一次盛大的会议。当时的联合国秘书长加利，为促成会议的成功召开，付出了极大的努力。他在大会演讲前，首先请求与会者为地球默哀两分钟，这是史无前例的。加利指出，我们的地球之所以生病，既因为过度发展，也因为发展不

足。英语中的"生态"与"经济"都源于同一个希腊词汇"oik-
ouing"，意思是"房屋的科学"，它们之间不仅有词源学意义上
的联系，而且存在着实际联系。人类所居住的地球，就是我们共
同的家，我们并不是地球的所有者，地球是世界的财富，我们只
是暂时使用和保管它，它是我们从祖先那里借来的，并替我们的
后代保管着。

这次会议取得了巨大的成功，会议发表了著名的报告《我们
共同的未来》，提出了一种崭新的理念——可持续发展战略思想。
加利在致闭幕辞时指出："我们已经来到人类觉悟的新的转折点。
几千年前，上帝与人类之间达成了道德契约。几百年前，公民与
国家之间达成了社会契约。今天，在这个地方，我们的使命是在
人类与地球之间达成生命契约。在古人眼里，森林、河流、高
山、荒漠和海洋都是有生命的，各有其灵魂，我们需要重新唤醒
这种意识，认识并承认地球也有灵魂，发现地球的灵魂并加以保
护。这就是里约热内卢精神。"

就在斯德哥尔摩人类环境会议前两年，1970 年的 4 月 22 日，
美国各地大约有 2000 万人举行了一次"地球日"活动。人们举
行集会、游行和其他多种形式的宣传活动，高举着受污染的地球
模型、巨幅画和图表，高呼口号，要求政府采取措施保护环境。
这次"地球日"活动声势浩大，成为第二次世界大战以来美国规
模最大的社会活动，也是人类有史以来第一次规模宏大的群众性
环境保护运动。这次活动标志着美国环保运动的崛起，它作为人

类现代环保运动的开端，推动了美国以及其他西方国家环境保护法规的诞生。

此后每年，人们就把 4 月 22 日作为"世界地球日"。这一天，在世界各地都有一系列活动，以提醒人们保护地球的意识。这种世界性大规模的群众性环境保护运动，直接催生了 1972 年的联合国第一次人类环境会议。每年的"世界地球日"都会有一个宣传的主题，例如 1974 年的主题是《只有一个地球》，1977 年的主题是《关注臭氧层破坏、水土流失、土壤退化和滥伐森林》，1979 年的主题是《为了儿童和未来——没有破坏的发展》，1985 年的主题是《青年、人口、环境》，1989 年的主题是《警惕，全球变暖》，1999 年的主题是《拯救地球，就是拯救未来》，2008 年的主题是《善待地球　造福人类》。

2009 年联合国大会关于设立"世界地球日"的决议指出，地球及其生态系统是人类的家园，人类今后和未来要在经济、社会和环境三方面的需求之间实现平衡，必须与自然界和地球和谐共处。本届联合国大会主席布罗克曼说，人类不拥有地球，而是属于地球。通过设立"世界地球日"，联合国呼吁各国重视人类和地球的福祉，把爱护地球和保护日渐稀少的自然资源作为共同的责任。

（二）谁把它戳了一个"窟窿"？

在距离地球表面 15～25 千米的高空，因受太阳紫外线照射

39

的缘故，形成了包围在地球外围空间的臭氧层，这臭氧层正是人类赖以生存的保护伞。这就是大多数人对臭氧的全部认识。人类真正认识臭氧还是在150多年以前，由德国化学家先贝因博士首次提出在水电解及火花放电中产生的臭味，同在自然界闪电后产生的气味相同，先贝因博士认为其气味类似于希腊文的 OZEIN（意为"难闻"），由此将其命名为 OZONE（臭氧）。

臭氧层中的臭氧主要是紫外线制造出来的。大家知道，太阳光线中的紫外线分为长波和短波两种，当大气中（含有21%）的氧气分子受到短波紫外线照射时，氧分子会分解成原子状态。氧原子的不稳定性极强，极易与其他物质发生反应。如与氢（H_2）反应生成水（H_2O），与碳（C）反应生成二氧化碳（CO_2）。同样的，与氧分子（O_2）反应时，就形成了臭氧（O_3）。臭氧形成后，由于其比重大于氧气，会逐渐向臭氧层的底层降落，在降落过程中随着温度的变化（上升），臭氧不稳定性愈趋明显，再受到长波紫外线的照射，再度还原为氧。臭氧层就是保持了这种氧气与臭氧相互转换的动态平衡。

1982年冬季，英国南极科学考察队来到南极基地。他们这次的任务和往常一样，主要是观察大气平流层有什么变化。队员伐曼把往年使用的老仪器放在了一块空旷雪地上。他环顾四周，没有发现什么新情况，于是，扭动仪器开关进行观测。刚刚开始工作，仪器就像发疯似的"滴、滴"地叫个不停。这种声音不曾有过。伐曼，这位大气学家马上意识到：可能有以往没有观测到的光线穿过了大气层。从波段看，它属于臭氧所吸收的部分。关机后再开始进行观测，仪器仍然发出那种声音。伐曼坚信，这是新的发现。他提着仪器，疾步跑回驻地，和同事们一起分享了这个发现。通过对观测数据的仔细分析、计算，他们推断：与上次观测相比，南极上空臭氧减少了20％。

对于这个结论，伐曼和他的同事们认为，多少有些拿不准，还需要等一等，最好是再进行一次重复性观测，以期验证。1984年10月，英国南极科学考察队带上新仪器，再次登上南极大陆。其主要目的就是确认1982年的观测结果。利用新的仪器，他们依然检测到了本来应该由臭氧吸收的光线。利用观测数据，他们又进行了反复的计算。根据计算结果，他们推断：臭氧层中的臭氧减少了不止20％，而在30％以上。紧接下来，依据连续几年的观测结果，他们发现：南极上空臭氧减少的趋势在不断加剧，到了1987年春季时达到最低点，平流层中的臭氧只有前几年的一半。

1984年底，伐曼把他们的论文寄给了《自然》杂志。1985年5月16日，这家杂志刊登了他们的论文。于是，他们的这个最新的、重大的发现传播到了全世界。

臭氧层损耗是臭氧空洞的真正成因，那么，臭氧层是如何耗损的呢？简单说来就是人类活动排入大气中的一些物质进入平流层与那里的臭氧发生化学反应，就会导致臭氧耗损，使臭氧浓度减少。

41

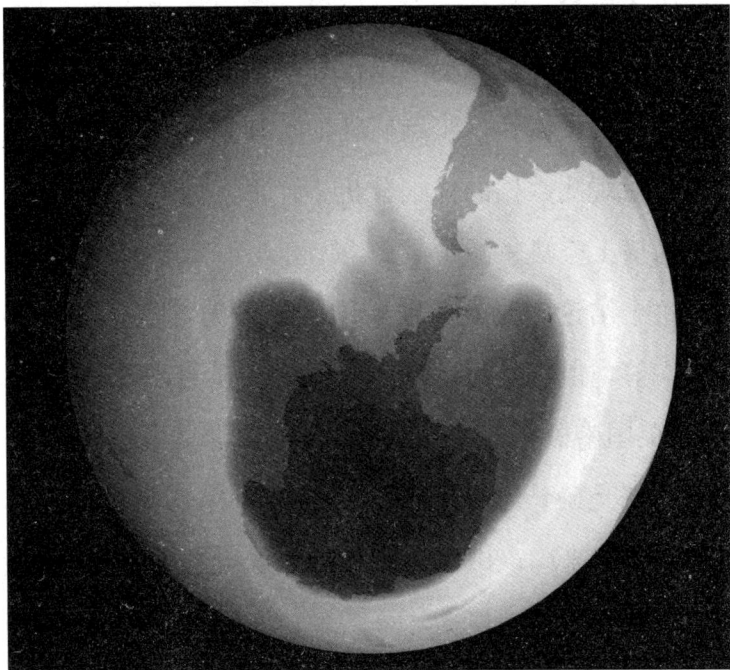

照片显示南极上空的臭氧层破坏状况

　　人为消耗臭氧层的物质主要是：广泛用于冰箱和空调制冷、泡沫塑料发泡、电子器件清洗的氯氟烷烃（又称 Freon），以及用于特殊场合灭火的溴氟烷烃（又称 Halons 哈龙）等化学物质。

　　消耗臭氧层的物质，在大气的对流层中是非常稳定的，可以停留很长时间。因此，这类物质可以扩散到大气的各个部位，但是到了平流层后，就会在太阳的紫外辐射下发生光化反应，释放出活性很强的游离氯原子或溴原子，参与导致臭氧损耗的一系列化学反应，这样的反应循环不断，每个游离氯原子或溴原子可以破坏约 10 万个 O_3 分子，这就是氯氟烷烃或溴氟烷烃破坏臭氧层

的原因。

国际组织《关于消耗臭氧层物质的蒙特利尔议定书》规定了15 种氯氟烷烃、3 种哈龙、40 种含氢氯氟烷烃、34 种含氢溴氟烷烃、四氯化碳（CCl_4）、甲基氯仿（CH_3CCl_3）和甲基溴（CH_3Br）为控制使用的消耗臭氧层物质，也称受控物质。其中含氢氯氟烷烃（如，$HCFCl_2$）类物质是氯氟烷烃的一种过渡性替代品，因其含有 H，使得它在底层大气易于分解，对 O_3 层的破坏能力低于氯氟烷烃，但长期和大量使用对 O_3 层危害也很大。

在工程和生产中作为溶剂的四氯化碳（CCl_4）和甲基氯仿（CH_3CCl_3），同样具有很大的破坏臭氧层的潜值，所以也被列为受控物质。

溴氟烷烃主要是哈龙：哈龙 1211（CF_2BrCl）、哈龙 1310（CF_3Br）、哈龙 2420（$C_2F_4Br_2$），这些物质一般用作特殊场合的灭火剂。此类物质对臭氧层最具破坏性，比氯氟烷烃高 3～10倍，1994 年发达国家已经停止这 3 种哈龙的生产。

近年来的研究发现，核爆炸、航空器发射、超音速飞机将大量的氮氧化物注入平流层中，也会使臭氧浓度下降。

臭氧层中的臭氧能吸收 200～300 纳米的阳光紫外线辐射，因此臭氧空洞可使阳光中紫外辐射到地球表面的量大大增加，从而产生一系列严重的危害。

阳光紫外线辐射能量很高的部分称 EUV，在平流层以上就被大气中的原子和分子所吸收，从 EUV 到波长等于 290 纳米之

间的称为 UV－C 段，能被臭氧层中的臭氧分子全部吸收，波长等于 290～320 纳米的辐射段称为紫外线 B 段（即 B 类紫外线），也有 90％能被臭氧分子吸收，从而可以大大减弱到达地面的强度。如果臭氧层的臭氧含量减少，则地面受到紫外线 B 的辐射量增大。

B 类紫外线灼伤称为 B 类灼伤，这是紫外辐射最明显的影响之一，学名为红斑病。B 类紫外线也能损耗皮肤细胞中遗传物质，导致皮肤癌。B 类辐射增加还可对眼睛造成损坏，导致白内障发病率增加。

B 类紫外线辐射也会抑制人类和动物的免疫力。因此 B 类紫外线辐射的增加，可以降低人类对一些疾病包括癌症、过敏症和一些传染病的抵抗力。

B 类辐射的增加，会对自然生态系统和作物造成直接或间接的影响。例如 B 类紫外辐射对 20 米深度以内的海洋生物造成危害，会使浮游生物、幼鱼、幼蟹、虾和贝类大量死亡，会造成某些生物减少或灭绝，由于海洋中的任何生物都是海洋食物链中重要的组成部分，因此某些种类的减少或灭绝，会引起海洋生态系统的破坏。

B 类辐射的增加也会损害浮游植物，由于浮游植物可吸收大量二氧化碳，其产量减少，使得大气中存留更多的二氧化碳，使温室效应加剧。

B 类辐射还将引起用于建筑物、绘画、包装的聚合材料的老

化，使其变硬变脆，缩短使用寿命等等。

另外，臭氧层臭氧浓度降低紫外辐射增强，反而会使近地面对流层中的臭氧浓度增加，尤其是在人口和机动车量最密集的城市中心，使光化学烟雾污染的几率增加

有人甚至认为，当臭氧层中的臭氧量减少到正常量的 1/5 时，将是地球生物死亡的临界点。这一论点虽尚未经科学研究所证实，但至少也表明了情况的严重性和紧急性。

当然臭氧也是一把双刃剑。从臭氧的性质来看，它既可助人又会害人，它既是上天赐予人类的一把保护伞，有时又像是一剂猛烈的毒药。大气中臭氧层对地球生物的保护作用现已广为人知——它吸收太阳释放出来的绝大部分紫外线，使动植物免遭这种射线的危害。为了弥补日渐稀薄的臭氧层乃至臭氧层空洞，人们想尽一切办法，比如推广使用无氟制冷剂，以减少氟利昂等物质对臭氧的破坏。世界上还为此专门设立国际保护臭氧层日。由此给人的印象似乎是受到保护的臭氧应该越多越好，其实不是这样，如果大气中的臭氧，尤其是地面附近的大气中的臭氧聚集过多，对人类来说臭氧浓度过高反而是个祸害。

臭氧是地球大气中一种微量气体，它是由于大气中氧分子受太阳辐射分解成氧原子后，氧原子又与周围的氧分子结合而形成的，含有 3 个氧原子。大气中 90% 以上的臭氧存在于大气层的上部或平流层，离地面有 10～50 千米，这才是需要人类保护的大气臭氧层。还有少部分的臭氧分子徘徊在近地面，仍能对阻挡紫

外线有一定作用。但是，近年发现地面附近大气中的臭氧浓度有快速增高的趋势，就令人感到不妙了。

这些臭氧是从哪里来冒出来的呢？同铅污染、硫化物等一样，它也是源于人类活动，汽车、燃料、石化等是臭氧的重要污染源。在车水马龙的街上行走，常常看到空气略带浅棕色，又有一股辛辣刺激的气味，这就是通常所称的光化学烟雾。臭氧就是光化学烟雾的主要成分，它不是直接被排放的，而是转化而成的，比如汽车排放的氮氧化物，只要在阳光辐射及适合的气象条件下就可以生成臭氧。随着汽车和工业排放的增加，地面臭氧污染在欧洲、北美、日本以及我国的许多城市中成为普遍现象。

研究表明，空气中臭氧浓度在 0.012ppm（百万分率）水平时——这也是许多城市中典型的水平，能导致人皮肤刺痒，眼睛、鼻咽、呼吸道受刺激，肺功能受影响，引起咳嗽、气短和胸痛等症状；空气中臭氧水平提高到 0.05ppm，入院就医人数平均上升 7%～10%。原因就在于，作为强氧化剂，臭氧几乎能与任何生物组织反应。当臭氧被吸入呼吸道时，就会与呼吸道中的细胞、流体和组织很快反应，导致肺功能减弱和组织损伤。对那些患有气喘病、肺气肿和慢性支气管炎的人来说，臭氧的危害更为明显。

目前，对于臭氧的正面作用以及人类应该采取哪些措施保护臭氧层，人们已达成共识并做了许多工作。但是，对于臭氧层的负面作用，人们虽然已有认识，但目前除了进行大气监测和空气

污染预报外，还没有真正切实可行的方法加以解决。

（三）太阳与人：谁让地球变暖？

气候变化已是不争的事实。今日，我们的地球比过去两千年都要热。如果情况持续恶化，于本世纪末，地球气温将攀升至二百万年来的高位。更重要的是，目前的暖化是全球性的，而且无法用自然界的机制来解释。科学界广泛认为人类要为气候变化负上大部分责任，而且我们今日所作的决定，会影响将来的气候。

那么我们是怎样改变了气候的呢？

过去一百多年间，人类一直依赖石油煤炭等化工燃料来提供能源。燃烧化石燃料时，大量温室气体（二氧化碳等）被排放并积聚于大气层，成为气候变化的元凶。

气候变化的进程、严重性和对不同地区的影响仍是未知之数，但科学家已证实了以下数点：

某些气体如二氧化碳，在大气层里形成了温室效应，阻止热力反射回太空，使地球气温持续上升。

燃烧化石燃料（如：煤炭、石油等）会释放更多二氧化碳至大气层。

二氧化碳虽不是最强的温室气体，但由于人类活动而产生的二氧化碳含量提高，故成为温室效应的元凶。

目前二氧化碳于大气中的浓度是十五万年来最高的。

由于二氧化碳的排放，全球平均温度将比工业革命之前上升摄氏 1.3 度（或华氏 2.3 度）看来是无可避免的。限制升幅在摄氏 2 度（或华氏 3.6 度）以内，是防止气候变化带来更严重灾难的唯一方法。

如果温室气体的排放再不被控制，气候变化的速度将会是人类有史以来最快的。气候反馈机制极可能带来急剧而不能补救的气候逆转，没有人知道气候变化到了什么程度会导致"世界末日"。

在大气中有些含量十分微小，却会对气候造成相当程度影响的气体，这些气体擅长吸收长波辐射但不吸收短波辐射，它们允许约 50％太阳短波辐射能量穿过地球大气，这些能量会被地表吸收；地表在吸收这些能量后，本身会放出长波辐射，但这些由地表或大气放出的长波辐射却会被刚才提到的那些气体吸收，并且再将之放射出来，使得地表及对流层温度升高。在夜晚，这些气体继续放射长波辐射，地面就不会因为缺乏太阳的加热而变得太冷。因此我们称这些气体为"温室气体"，它们的影响则称为"温室效应"。

大气中的这些温室气体就像一层厚厚的玻璃，使地球变成了一个大暖房。假若没有大气层，地球表面的平均温度不会是现在适宜的 15℃，而是十分低的 −18℃。这就是说温室效应使地表温度提高 33℃。有了温室效应，才使地球保持了相对稳定的气温，从而使生命世界繁衍生息，兴旺发达。

不论地表和大气内的物理过程如何复杂，进入与离开大气中的辐射能量之间必须保持平衡。如果这种平衡一旦被破坏，它可以通过地球表面温度的升高来恢复平衡。可造成这种辐射平衡破坏的主要因子是由于人类活动引起的大气中温室气体的增加，由此而造成的地表温度的进一步增加被称为增强的温室效应。这种增强的温室效应实际上是由于人类活动引起的附加在自然温室效应之上的一种温室效应，虽然其量值比自然温室效应小得多，但其增暖作用的意义是非常重要的。

人类活动使温室效应日益加剧，以至于影响气候。自工业革命以来，资源与能源大量消耗，特别是煤、石油、天然气等物质的燃烧所排放的大量 CO_2 含量增加。目前全球平均温度经 1000 年前上升了 0.3℃～0.6℃。而在此前一万年间，地球的平均温度变化不超过 2℃。联合国机构还预测，由于能源需求不断增加，到 2050 年，全球平均气温将上升 1.5℃～4.5℃。

很多科学家认为，二氧化碳排放增多带来的温室效应是全球迅速变暖的主要原因。不过，在 2007 年初，英国电视四台却发出了不同声音。该台播放的纪录片称，"人造"的全球性变暖是"现代社会的最大骗局"，太阳才是"真凶"。纪录片还称全球变暖是"一个价值数十亿美元的全球产业，它由狂热的反工业化环境主义者制造，由科学家兜售的可怕故事来筹资，还获得了政治家和媒体的舆论支持"。由于此片显然跟联合国公布的研究报告唱起了反调，因而引起了西方媒体的关注。

参加纪录片的渥太华大学教授伊安·克拉克说,全球变暖可能是太阳活动加剧造成的,而且从南极取得的冰核样本显示,地球的温暖期在二氧化碳排放量增加前800年就开始了。世界范围的经济繁荣发生在二战以后,这产生了大量二氧化碳,按照其他科学家的观点,这应该导致气温上升,但大部分全球变暖都发生在1940年以前,1940年后,全球气温不升反降了40年。

事实上,这个观点并非首创。美国乔治·马歇尔研究所1989年曾发表报告称,"太阳密度的周期变化可以抵消与温室气体有关的气候变化",也就是说,全球变暖该怪太阳。

除人们最常见的"温室效应说"和上述观点外,有关全球气候变暖的原因还有几种说法,如宇宙射线说、动物废气说等等。

中国科学院大气物理研究所一位科学家认为,太阳活动加剧地球变暖的观点不代表主流,在权威学术杂志中,大量以科学论证为基础的科学论文都认为,人类行为是造成全球变暖的主要原因。联合国"政府间气候变化专门委员会"公布的研究报告也这样认为。什么原因造成了全球变暖只能靠科学猜测,是存在不确定性的,科学家对这些不确定性进行评估,然后给出一个概率。2001年联合国公布报告时,对于是不是人类行为造成了全球变暖,报告中用的是"可能"这个词,这个通过全世界2000多名科学家的研究写出的报告认为,人类行为是原因的概率超过66%。而到了2007年,在回答同样问题时,报告用词变成了"非常可能",概率增加到90%以上。

德国著名的马克斯·普朗克学会的气象学家索兰基教授认为，近60年是太阳活动最活跃的时期。虽然太阳活动剧烈和温室气体的大量排放都会导致地球变暖，但现在还无法分辨哪个因素的影响更大。大部分欧洲专家认为，导致全球气候变暖的罪魁祸首是二氧化碳等"温室气体"。

还有欧洲气象学家通过卫星监测和计算机计算认为，大气污染阻碍了地球散热，是地球日益变暖的根本原因。

随着全球变暖，极端天气气候事件的增加，科学家们考虑给地球"动手术"来解决"地球发烧"给人类带来的种种困扰。地球工程技术就是旨在通过人类干预改变地球陆地、海洋或大气来减缓全球变暖。

为了阻止全球变暖的进程，科学家想出了许多大胆的地球工程计划。例如，人工喷射大量硫粒子至大气层，制造一层隔热保护膜冷却地球，或是通过将一支出1900艘船组成的船队分布在海洋里，利用风能吸取海水，通过高高的烟囱喷射到空中形成巨大的白云以反射阳光等等。

但是，一些科学家们讨论了地球工程的可行性，其结论认为，进行全球规模的地球工程弊大于利。美国杜克大学全球变化中心主任罗伯特·杰克逊说："地球工程使用的范围越大，给环境带来的危险也就越高。"他说，以人类现阶段对地球自然系统的了解，尚不清楚如果自然系统发生全球性改变会带来怎样的后果。

51

以喷射硫粒子为例，这种在全球范围内实行的地球工程是打算将浅色的硫颗粒或其他气溶胶释放入大气，形成一层隔热保护膜，将阳光射线反射回太空，从而降低全球温度。这一方法是对火山爆发给地球带来降温效果的模拟，例如，1991年，菲律宾火山的爆发就曾使地球降温达华氏0.9度。

但是美国国家大气研究中心的塞蒙尔·提尔姆斯认为，这一方法除了有可能给地球带来降温效果以外，还会引起当地气温和降水的明显变化。她对其效果的模拟也预测到硫会破坏大气中的臭氧，使大量紫外线到达地球表面。

她说，北极地区臭氧的大量减少可能导致到达地球的紫外线增加，给当地生态带来危险，而南极上空臭氧洞的恢复也可能会推迟数十年。

另一个大规模的地球工程计划则是向海洋中添加硫酸铁，促进海里浮游生物的生长，这些浮游生物吸收二氧化碳，从而有效减低地球温室效应。但俄勒冈州立大学的查尔斯·米勒说，虽然浮游生物的增加可以吸收更多的二氧化碳，但其死亡和下沉也会消耗大量氧气，在海洋中形成大量的死亡区。另外，向海洋中施铁肥的方法最多只能抵消一小部分人类产生的碳，效果并非显著。

向海洋"施肥"的计划同样无助于缓解不断增长的海洋酸化问题。米勒说，事实上，海洋施肥计划很可能会使这一问题变得更加严重。任何大规模的"施肥"都会给海洋生态系统带来与全

球变暖一样的危险。

有人认为可以通过地质封存的方式捕捉和储存二氧化碳，使之从大气中分离并将之埋藏于地下。杰克逊说，这种方法能够以较低成本储存人类一个世纪中因发电而产生的二氧化碳排放，但是，这种方法存在着碳泄漏、与地下水发生反应等风险。

杰克逊说："拿地球的气候当儿戏非常危险。我们需要更直接地应对气候变化的方法，包括提高能效，增加对可再生能源的投资等等。"

假若"全球变暖"正在发生，有两种过程会导致海平面升高。第一种是海水受热膨胀令海平面上升。第二种是冰川和及南极洲上的冰块溶解使海洋水分增加。按最新预测研究结果，到2100年地球的平均海平面上升幅度介乎 0.15～0.95 米。

海平面的上升到底有多快？最新的中国海洋环境质量公报显示，去年我国沿海海平面为近 10 年来最高，比 2007 年高了 14 毫米。近 30 年来，中国沿海海平面总体呈波动上升趋势，平均上升速率为 2.6 毫米/年，高于全球海平面 1.8 毫米/年的上升速度。海平面上升加剧了风暴潮、海岸侵蚀、海水入侵、土壤盐渍化及咸潮等海洋灾害的发生。而环渤海地区、长江三角洲和珠江三角洲将是中国受危害最严重的地区。

海平面上升，首先带来的结果就是风暴潮灾害的频繁发生。据科学统计，广东沿海遭受强风暴潮影响的频率最近 10 年比以前增加了 1.5 倍，长江三角洲地区增加了 2.5 倍以上。2008 年 9

月，广东沿海海平面比常年高出 200 多毫米，超强台风"黑格比"引发了百年一遇的罕见风暴潮。去年，海水入侵最为严重的地区是渤海和北黄海沿岸，而辽宁、河北、天津和山东等沿海地区均发生了不同程度的土壤盐渍化灾害，长江口和珠江口均发生了咸潮入侵事件。

其次，随海平面上升而来的必是土壤盐渍化、海水入侵、淡水资源遭受污染等一系列问题。环渤海区域的山东、河北、天津沿海从上世纪 70 年代中期开始，就发现海水侵蚀地下含水层，并急剧扩展，直接威胁着沿岸居民的生存。

在我国沿海，尤其是几大三角洲地区，都因过量开采地下水而造成陆地地面严重沉降，这恰恰加剧了区域性的相对海平面上升的速度，造成这些地区海平面的上升速度远大于全球速度。随着海平面的升高，海岸工程防护标准被迫一再提高。中国 20 世纪按照"百年一遇"设计的防潮工程，目前已经无法抵御海洋大潮的影响。如今，天津地区遭遇温带风暴潮时，会出现海水淹没码头货场的现象。

今后，海平面的上升还将加速。我国人口稠密的沿海地区正面临海平面不断上升的威胁！以上海所在的长江三角洲为例，按照国家海洋局的研究，在没有防潮设施的情况下，如果海平面上升 30 厘米，按照历史最高潮位推算，海水可淹没包括上海在内的长江三角洲及江苏和浙江沿岸 26％的土地，也就是说，长三角富庶的多数城市，都将面临海平面上升的威胁。

海平面上升，海水步步进逼，我们的家园正在被淹没！目前，我国应加强海平面监测、预测和影响的评价工作，将海平面上升影响作为重要指标，纳入沿海地区社会经济发展规划。同时，采取控制地下水开采、提高沿海堤防工程设计标准、加强沿海红树林生态系统恢复等一系列措施，来遏制海平面上升带来的危害。

（四）好雨知时节　奈何变"硫酸"

"好雨知时节，当春乃发生。随风潜入夜，润物细无声。"雨水对万物的生存有着重要的作用，她滋润着大地，养育着生灵。但是，在全球许多地区，雨水已变得越来越酸，造成了极大危害，人们形象地把它喻为"来自空中的死亡之神"。

被酸雨腐蚀的森林

现代文明给人类带来进步，人类成了自然的主人；但享福过了头，自然又反过来惩罚人类，人类遇到了许多前所未见的麻

55

烦。酸雨，是目前人类遇到的全球性区域灾难之一。

目前，全球有三大块酸雨地区：西欧，北美和东南亚。我国长江以南也存在连片的酸雨区域。在酸雨区域内，湖泊酸化，渔业减产，森林衰退，土壤贫瘠，粮菜减产，建筑物腐蚀，文物面目皆非。

酸雨问题目前已经成为备受人们关注的区域环境问题。"天不下雨人盼雨，天若下雨人怕雨。"整个欧洲、北美洲和亚洲都已处在酸雨的危害之中。北欧的纳维亚半岛南部、瑞典、丹麦、波兰、德国以及北美的加拿大等国的酸雨 pH 值多为 4～4.5。北美一些地区 pH 值 3～4 的酸雨已司空见惯，美国 15 个州降雨的 pH 值在 4.5 以下。日本静冈县清水市雨水 pH 值曾达 2.3，神奈川县川崎市曾达 3.3，千叶县京原市曾达 3.8。

我国南方大部分地区也已出现酸雨，特别是西南、华南和东南沿海，酸雨污染尤为严重。重庆、贵阳、长沙、柳州、厦门雨水的年平均 pH 值为 4～4.5，许多地区都出现过 pH 值小于 3.5 的雨水。就连远离工业地带的"净土之地"峨眉山，近年来也受到酸雨光顾，主峰金顶（3078 米）时常出现 pH 值小于 4.5 的酸雨。目前，全球的酸雨正在有增无减地发展，不断出现一些新生的酸雨区，印度、巴西、南非等国以及东南亚地区已经出现了酸雨问题。

近代工业革命，从蒸汽机开始，锅炉烧煤，产生蒸汽，推动机器；而后火力电厂星罗棋布，燃煤数量日益猛增。遗憾的是，

煤含杂质硫，约百分之一，在燃烧中将排放酸性气体（SO_2）；燃烧产生的高温尚能促使助燃的空气发生部分化学变化，氧气与氮气化合，也排放酸性气体。它们在高空中为雨雪冲刷，溶解，雨成为了酸雨；这些酸性气体成为雨水中杂质硫酸根、硝酸根和铵离子。1872年英国科学家史密斯分析了伦敦市雨水成分，发现它呈酸性，且农村雨水中含碳酸铵，酸性不大；郊区雨水含硫酸铵，略呈酸性；市区雨水含硫酸或酸性的硫酸盐，呈酸性。于是史密斯首先在他的著作《空气和降雨：化学气候学的开端》中提出"酸雨"这一专有名词。

简单地说，酸雨就是酸性的雨。什么是酸？纯水是中性的，没有味道；柠檬水，橙汁有酸味，醋的酸味较大，它们都是弱酸；小苏打水有略涩的碱性，而苛性钠水就涩涩的，碱味较大，它们是碱。科学家发现酸味大小与水溶液中氢离子浓度有关；而碱味与水溶液中羟基离子浓度有关；然后建立了一个指标：氢离子浓度对数的负值，叫pH值。于是，纯水的pH值为7；酸性越大，pH值越低；碱性越大，pH值越高。未被污染的雨雪是中性的，pH值近于7；当它为大气中二氧化碳饱和时，略呈酸性，pH值为5.65。被大气中存在的酸性气体污染，pH值小于5.65的雨叫酸雨；pH值小于5.65的雪叫酸雪；在高空或高山（如峨眉山）上弥漫的雾，pH值小于5.65时叫酸雾。

90年代科学家又在冰雪世界的南极和北极收集到了含有有毒农药成分的"毒雪"。"毒雪"形成与酸雨或酸雪形成过程极为相

似。也是人类活动，使用人造的农药到田间，杀虫增产，但农药却进入了环境；也是通过大气远程传输；也是在高空中，污染物被雨雪冲刷；也是最终降落地面，危害人类。由"酸雨"发展到"毒雪"，如此严重的环境恶化趋势，值得人类反省！

大气中的硫和氮的氧化物有自然和人为两个来源。二氧化硫的自然来源包括微生物活动和火山活动，含盐的海水飞沫也增加大气中的硫。自然排放大约占大气中全部二氧化硫的一半，但由于自然循环过程，自然排放的硫基本上是平衡的。人为排放的硫大部分来自贮存在煤炭、石油、天然气等化石燃料中的硫，在燃烧时以二氧化硫形态释放出来，其他一部分来自金属冶炼和硫酸生产过程。随着化石燃料消费量的不断增长，全世界人为排放的二氧化硫在不断增加，其排放源主要分布在北半球，产生了全部人为排放的二氧化硫的90%。天然和人为来源排放了几乎同样多的氮氧化物。天然来源主要包括闪电、林火、火山活动和土壤中的微生物过程，广泛分布在全球，对某一地区的浓度不发生什么影响。人为排放的氮氧化物主要集中在北半球人口密集的地区。机动车排放和电站燃烧化石燃料差不多占氮氧化物人为排放量的75%。

欧美一些国家是世界上排放二氧化硫和氮氧化物最多的国家。但近10多年来亚太地区经济的迅速增长和能源消费量的迅速增加，使这一地区的各个国家，特别是中国成为一个主要排放大国。

酸雨的危害主要表现在以下几个方面：

一是损害生物和自然生态系统

酸雨降落到地面后得不到中和，可使土壤、湖泊、河流酸化。湖水或河水的 pH 值降到 5 以下时，鱼的繁殖和发育会受到严重影响。土壤和底泥中的金属可被溶解到水中，毒害鱼类。水体酸化还可能改变水生生态系统。

酸雨还抑制土壤中有机物的分解和氮的固定，淋洗土壤中钙、镁、钾等营养因素，使土壤贫瘠化。酸雨损害植物的新生叶芽，从而影响其生长发育，导致森林生态系统的退化。

二是腐蚀建筑材料及金属结构

酸雨腐蚀建筑材料、金属结构、油漆等。特别是许多以大理石和石灰石为材料的历史建筑物和艺术品，耐酸性差，容易受酸雨腐蚀和变色。

从欧美各国的情况来看，欧洲地区土壤缓冲酸性物质的能力弱，酸雨危害的范围还是比较大的，如欧洲 30％的林区因酸雨影响而退化。在北欧，由于土壤自然酸度高，水体和土壤酸化都特别严重，特别是一些湖泊受害最为严重，湖泊酸化导致鱼类灭绝。另据报道，从 1980 年前后，欧洲以德国为中心，森林受害面积迅速扩大，树木出现早枯和生长衰退现象。加拿大和美国的许多湖泊和河流也遭受着酸化危害。美国国家地表水调查数据显示，酸雨造成 75％的湖泊和大约一半的河流酸化。加拿大政府估计，加拿大 43％的土地（主要在东部）对酸雨高度敏感，有

14000 个湖泊是酸性的。

欧洲和北美国家经受多年的酸雨危害之后，认识到酸雨是一个国际环境问题，单独靠一个国家解决不了问题，只有各国共同采取行动，减少二氧化硫和氮氧化物的排放量，才能控制酸雨污染及其危害。1979 年 11 月，在日内瓦举行的联合国欧洲经济委员会的环境部长会议上，通过了"控制长距离越境空气污染公约"，1983 年，欧洲各国及北美的美国、加拿大等 32 个国家在公约上签字，公约生效。1985 年，联合国欧洲经济委员会的 21 个国家签署了赫尔辛基议定书，规定到 1993 年底，各国需要将硫氧化物排放量削减到 1980 年排放量的 70%，即比 1980 年水平削减 30%。议定书于 1987 年生效。目前，日、美等国试图建立东亚空气污染监测网，开展联合监测，逐步在东亚建立区域性酸雨控制体系。

为了综合控制燃煤污染，国际社会提倡实施系列的包括煤炭加工、燃烧、转换和烟气净化各个方面技术在内的清洁煤技术。这是解决二氧化硫排放的最为有效的一个途径。美国能源部在 80 年代就把开发清洁能源和解决酸雨问题列为中心任务，从 1986 年开始实施了清洁煤计划，许多电站转向燃用西部的低硫煤。日本、西欧国家则比较普遍地采用了烟气脱硫技术。

控制酸雨污染是大气污染防治法律和政策的一个主要领域，它主要包括两方面的措施：一是直接管制措施，其手段有建立空气质量、燃料质量和排放标准，实行排放许可制度；二是经济刺激措施，其手段有排污税费、产品税（包括燃料税）、排放交易和一些经济补助等。西方国家传统上比较多的采用了直接管制手段，但从90初年代以来，很注重经济刺激手段的应用。西欧国家较多应用了污染税（如燃料税和硫税）。美国1990年修订了清洁空气法，建立了一套二氧化硫排放交易制度。据估计，由于实施了交易制度，只需要酸雨控制计划原来估算费用的一半，就可以实现到2010年将全国电站二氧化硫排放量在1980年基础上削减50%的目标。

目前，欧洲、北美、日本等在削减二氧化硫排放方面取得了很大进展，但控制氮氧化物排放的成效尚不明显。

（五）汽车小"尾巴"　污染大难题

楼市与车市是拉动国家经济发展的两大重要经济支柱，在楼市的天价让百姓持币观的时候，车市成了内需政策中拉动经济发展的另一重要支柱。汽车板块之所以对国内经济的发展至关重要，不仅仅汽车是消费市场最大的投资品种之一，能直接扩大国内的消费水平，直接拉动GDP的方向，同时也在于它能有效地带动钢铁、塑料、纺织等行业，下游使用环节可以拉动石化、金融等行业，而这些行业的发展都是国民经济发展的重要支柱。

然而，在世界各国，汽车污染早已不是新话题。汽车尾气污染是由汽车排放的废气造成的环境污染。可以说，汽车是一个流动的

污染源。20世纪40年代以来，光化学烟雾事件在美国洛杉矶、日本东京等城市多次发生，造成不少人员伤亡和巨大的经济损失！

进入21世纪，汽车污染日益成为全球性问题。随着汽车数量越来越多、使用范围越来越广，它对世界环境的负面效应也越来越大，尤其是危害城市环境，引发呼吸系统疾病，造成地表空气臭氧含量过高，加重城市热岛效应，使城市环境转向恶化。有关专家统计，到21世纪初，汽车排放的尾气占了大气污染的30％～60％。随着机动车的增加，尾气污染有愈演愈烈之势，由局部性转变成连续性和累积性，而各国城市市民则成为汽车尾气污染的直接受害者。

汽车尾气含有一氧化碳、碳氢化合物、醛类和炭黑、焦油重金属等有害物质

汽车尾气含有多种成分，并且对人类和社会都有一定的危害危害。

首先是一氧化碳。一氧化碳是烃燃料燃烧的中间产物，主要是在局部缺氧或低温条件下，由于烃不能完全燃烧而产生，混在内燃机废气中排出。当汽车负重过大、慢速行驶时或空挡运转时，燃料不能充分燃烧，废气中一氧化碳含量会明显增加。一氧化碳是一种化学反应能力低的无色无味的窒息性有毒气体，对空气的相对密度为0.9670，它的溶解度很小。一氧化碳由呼吸道进入人体的血液后，会和血液里的红血蛋白Hb结合，形成碳氧血红蛋白，导致携氧能力下降，使人体出现反应，如听力会因为耳内的耳蜗神经细胞缺氧而受损害等。吸入过量的一氧化碳会使人发生气急、嘴唇发紫、呼吸困难甚至死亡。研究表明，人对一氧化碳的承受能力相当高，一个健康的人能短时间承受血液中含量为20％～40％的一氧化碳的侵袭。虽然对人体无副作用的一氧化碳阈值尚未确定，但长期吸收一氧化碳对城市居民身体健康是一个潜在威胁。

第二是氮氧化合物。氮氧化合物是在内燃机气缸内大部分气体中生成的，氮氧化合物的排放量取决于燃烧温度、时间和空燃比等因素。从燃烧过程看，排放的氮氧化物95％以上可能是一氧化氮，其余的是二氧化氮。人受一氧化氮毒害的事例尚未发现，但二氧化氮是一种红棕色呼吸道刺激性气体，气味阈值约为空气质量的1.5倍，对人体影响甚大。由于其在水中溶解度低，不易

为上呼吸道吸收而深入下呼吸道和肺部，引发支气管炎、肺水肿等疾病。在浓度为 9.4 毫克/立方米的空气中暴露 10 分钟，即可造成呼吸系统失调。

第三是碳氢化合物。汽车尾气的碳氢化合物来自三种排放源。对一般汽油发动机来说，约 60％的碳氢化合物来自内燃机废气排放 20％～25％来自曲轴箱的泄漏，其余的 15％～20％来自燃料系统的蒸发。甲烷是窒息性气体，其嗅觉阈值是 142.8 毫克，只有高浓度时才对人体健康造成危害。乙烯、丙烯和乙炔则主要是对植物造成伤害，使路边的树木不能正常生长。苯是无色类似汽油味的气体，可引起食欲不振、体重减轻、易倦、头晕、头痛、呕吐、失眠、粘膜出血等症状，也可引起血液变化，红血球减少，出现贫血，还可导致白血病。其嗅觉阈值 16.29 毫克，对人体健康有影响的阈值 34.8 毫克。汽车尾气中还含有多环芳烃，虽然含量很低，但由于多环芳烃含有多种致癌物质（如苯丙芘）而引起人们的关注。

HC 和 NOX 在大气环境中受强烈太阳光紫外线照射后，产生一种复杂的光化学反应，生成一种新的污染物形成光化学烟雾。1952 年 12 月伦敦发生的光化学烟雾 4 天中死亡人数较常年同期约多 4000，45 岁以上的死亡最多，约为平时的 3 倍，1 岁以下的约为平时的 2 倍。事件发生的一周中，因支气管炎、冠心病、肺结核和心脏衰弱者死亡分别为事件前一周同类死亡人数的 9.3 倍、2.4 倍、5.5 倍和 2.8 倍。

第四是醛。醛是烃类燃烧不完全产生，主要由内燃机废气排放，汽车尾气排放的醛类以甲醛为主，占 60%～70%。甲醛是有刺激性的气体，对眼睛有刺激性作用，也会刺激呼吸道，嗅觉阈值为 0.06～1.2 毫克，高浓度时会引起咳嗽、胸痛、恶心和呕吐。乙醛属低毒性物质，高浓度时有麻醉作用。丙烯醛是一种辛辣刺激性气体，对眼睛和呼吸道有强烈刺激，可引起支气管细胞损害，嗅觉阈值为 0.48～4.1 毫克。

第五是含铅化合物。汽车尾气排放的含铅颗粒大部分来自内燃机的废气排放。四乙铅是作为抗爆剂加进汽油中的，一般汽油的含铅量在 0.08%～0.13%之间，四乙铅燃烧后生成氧化铅排出。铅主要作用于神经系统、造血系统、消化系统和肝、肾等器官。铅能抑制血红蛋白的合成代谢过程，还能直接作用于成熟的红细胞。经由呼吸系统进入人体的铅粒，颗粒较大者能吸附于呼吸道的黏液上，混于痰中而吐出；颗粒较小者，便沉积于肺的深部组织，它们几乎全被吸收。铅在人体内各器官中积累到一定程度，会对人的心脏、肺等造成损害，使人贫血，行为呆傻，智力下降，注意力不集中，严重的还可能导致不育症以及高血压。根据进入身体的方式，可以有高达 60%的摄入总铅量永久留在人体内，成年人血液中混入 0.8 毫克以上称为铅中毒。据调查，英国 10%的儿童在 6 岁前铅中毒。儿童铅中毒，智商将降低，还会出现捣乱和过失行为。

含铅汽油经燃烧后，85%左右的铅排入大气中造成铅污染。

65

铅氧化物不仅对人体有害，它还会吸附在汽车尾气催化净化器的催化剂表面上，对催化剂产生"毒害"，明显地缩短尾气催化净化装置的寿命，是汽车尾气催化净化装置要解决的难题之一。20世纪40年代以来，通过汽车燃烧排入大气中的铅已达数百万吨，成为一种公认的全球性污染。

无铅汽油是一种在提炼过程中没有添加铅的汽油，英语略称ULP。无铅汽油中只含有来源于原油的微量的铅，一般每升汽油为百分之一克。它的辛烷值为95，比现有其他级别含铅汽油的辛烷值（97）略低。使用无铅汽油能有效控制汽车废气中的有害物质，减少碳氢化合物（造成烟雾）、一氧化碳（有毒）及氮氧化物（形成酸雨）等污染。要减少排污最有效、最简单的方法就是在排气系统中加装催化转换器，而汽油含铅量每升超过0.013克时，就会使催化剂失效，从而达不到控制汽车废气的目的。这个临界量即为界定无铅汽油的标准。使用无铅汽油的汽车，其发动机上必须装有无需铅润滑的硬化阀座。如果没有，便要在每使用数缸无铅汽油后，使用一缸含铅汽油以润滑阀座。其次，催化转换器也须配合一些特殊的发动机系统，包括汽油喷嘴及电子点火装置等。现在，大部分汽车可使用无铅汽油，还有一部分汽车需经调校改装才能使用。

为了降低大气污染程度，提高人民的健康水平，从2000年开始，在全国范围内推广无铅汽油，实现了汽油无铅化，从根本上解决了汽车尾气中的铅污染问题。但是，很多人却误将无铅汽

油当作无害绿色汽油，在生活中放松了对汽车尾气的防范。事实上，无铅汽油仍存在不少污染问题。

无铅汽油除了无铅，燃烧时仍可能排放气体、颗粒物和冷凝物三大物质，对人体健康的危害依然存在。其中，气体以一氧化碳、碳氢化合物、氮氧化物为主。颗粒物以聚合的碳粒为核心，呈粉散状，$60\%\sim80\%$的颗粒物直径小于 2 微米，可长期悬浮于空气中，易被人体吸入。冷凝物指尾气中的一些有机物，包括未燃油、醛类、苯、多环芳烃。

欧盟的环保专家认为，要减少汽车污染对城市环境的危害，最有效的办法是调整城市交通政策，大幅减少私家车数量，优先发展公交，提倡自行车交通；同时，还应加速发展、普及环保型汽车，减少对石化燃料的依赖。目前减少汽车污染的主要措施有：

一是控制汽车的数量。在许多大中城市中，汽车的数量实际已经"超载"。政府可以用宏观调控的方法提高汽车的价格，适当减少汽车的购买量，促进小型制造汽车的企业的转产，把汽车的数量控制在生态平衡允许的范围内。同时要使公共汽车、地铁等公共交通工具迅速发展起来，向市民提倡骑自行车、乘坐公共汽车和地铁；公务员更要以身作则，尽量使用公共交通工具，少乘坐私家车，尽量降低汽车尾气排放量。

二是严格把关，提高汽油质量。到 21 世纪初，世界大多数城市都已禁止使用含铅汽油。要提高汽车尾气污染物排放标准，

67

严格把关，不能让未达到标准的汽油流入市场。

三是加快采用先进的汽车尾气处理技术，对不符合尾气排放标准的汽车进行淘汰或改造。

四是推广以天然气为燃料的燃气汽车，并对燃气汽车进行改造，解决其存在的发动机动了性能下降、储气瓶占用空间大等问题。

五是变废为宝。

方案 A：在气缸内的燃料和空气经过压缩，变成高温高压的气体，燃烧后能量仍很高。如果将这些能量利用起来，转化成发动机的动力，既节省了燃料，又减少了废气排放量。

方案 B：汽车尾气中含有氮氧化物和硫氧化物，如果在尾气排放管上加装一个收集和转化装置，将其转化成工业原料硝酸和硫酸，虽然收集量可能不多，但积少成多，这就在减少对大气的污染的同时对资源进行了回收。

六是加强宣传，提高人民环保意识。加强对环境保护重要性的宣传，提高人民环保意识，让群众自觉使用公共交通工具，不购买尾气排放量不达标的汽车，坚决不购买、制造含铅、低质汽油。

世界各地对于抑制汽车尾气，可以说各有高招，这里举几个例子：

在意大利的罗马，自 1997 年以来，如果驾车者想在历史遗迹所在的地区通行，那他每年必须交纳大约 200～332 欧元不等

的税。此外，还需证明自己是在这个区域工作的。至于住在这里的居民，只要象征性地交 15 欧元就可以了。通过税收汇聚的资金原本计划用来建造停车场，可这些停车场直到 2006 年也迟迟没有建成。即便如此，这些措施也已经使此处每天通过的车辆从 1997 年的 9 万辆减少到了 2006 年 7 万辆。

新加坡城很早就采取了一项旨在限制商业中心车流量的政策。1975 年，该城首先实行了城市通行税制度，驾车者每天都必须交这个通行税。到了 1998 年，这个办法有了变化，改成了按时段计算的电子收税系统。这项政策使高峰时段（8 时～9 时）的汽车车流量减少了，因为有些人决定在那些通行税不太高的时段（7 时 30 分～8 时和 9 时～9 时 30 分）开车通过这里。

挪威大部分大城市都要求司机交纳进城费，而这也是直接借鉴了英国伦敦的作法。伦敦自 2003 年 2 月以来，就安装了 800 台摄像机，必须交纳 5 英镑（约合 7.5 欧元）的通行税才能进入从东部的塔桥到西部的海德公园间方圆 21 平方千米的区域。但由于公共交通系统已经陈旧，由伦敦市长决定施行的这项改革受到了部分市民的非议。伦敦市政当局想通过实行这项反交通阻塞税，把该市的汽车流量减少 10%～15%，并希望把每年征得的 1.3 亿英镑（约合 1.95 亿欧元）的通行税用于发展公共交通运输。

德国是采取税收政策来对付汽车污染的。自 2001 年 1 月以来，汽车每年的纳税额是根据汽车的功率以及汽车排放污染气体

的量来计算的。此外，还实行了补贴制度，就是对那些排放污染
气体少的汽车实行补贴。有了这两项规定，一些驾车者可以好几
年不用交一分钱的税。这项政策对促使汽车生产商生产更环保的
汽车有一定的积极作用。

三、不见血的伤口

精卫谁教尔填海？海边石子青磊磊。

但得海水作枯池，海中鱼龙何所为？

品穿岂为空衔石，山中草木无全枝。

朝在树头暮海里，飞多羽折时堕水。

高山未尽海未平，我愿身死子还生！

《精卫词》（王建）

（一）正在消失的森林

森林是地球上结构最复杂、功能最多与最稳定的陆地生态系统。森林是宝贵的自然资源，是人类生存发展的重要支柱与自然基础。森林覆盖率常是衡量一个国家或地区经济发展水平与环境质量好坏的重要指标。这不仅因为森林具有重要的经济价值，又是可更新资源，而且在维持生态平衡与生物圈的正常功能上起着重要作用。

森林能吸收二氧化碳，制造氧气

第一，森林是陆地生命的摇篮，具有综合的环境效益

自然界中的一切动物都要靠氧气来维持生命，而森林是天然的制氧机。如果没有森林等绿色植物制造氧气，则生物生存将失

去保障。70年代，日本林业厅对森林生态系统的环境效益定量计算结果表明，日本森林一年内的贮水量达2300亿吨，防止土沙流失量达57亿立方米，保持栖息鸟类100万只，供给氧气5200吨，环境效益总价值1200万亿日元。芬兰有人对森林的社会效益价值与木材价值的估算认为，芬兰森林的环境保护价值是52亿马克，而木材价值仅17亿马克，二者之比为3∶1。美国计算的森林环境价值与木材价值之比为9∶1。另外，森林生态系统对CO_2与O_2在大气中的平衡起调节作用。每公顷阔叶林，在生长季节每天可吸收近1吨CO_2，释放0.75吨的氧。能满足973人的需氧量。据估计，森林每年以光合作用的形式吸收50亿吨CO_2这与人类燃烧化石燃料产生的CO_2基本相当。森林是使二氧化碳转化为生物能量的重要加工厂。

第二，森林是消减环境污染的万能净化器

森林能阻滞酸雨、降尘，还可以衰减噪声，降低风速、减弱风力。如，在5级风时，人造林带外的风速9.5米/秒，而林内只有7.7米/秒，减弱近20%。连片的森林能使台风减弱1～2级。森林还可以分泌杀菌素杀死空气中的细菌，以净化空气。

第三，森林可以调节水分、涵养水源，保持水土

森林可以通过对风力的减弱减少临近农田的水分蒸发量，增加空气中的相对湿度。还可以涵养水源保持水土。森林减少地表径流的作用是很显著的，在我国陕西的测定表明，林内的径流可消减78.4%。径流的减少减轻了对土壤的冲刷，据西双版纳的观

74

测，在年降水量为 1459.4 毫米时，雨林地每平方米的土壤冲刷量仅 2.8 千克，而相同面积的刀耕火种地却高达 3647.5 千克，是前者的 1302.7 倍。

第四，森林能降低年平均温度、缩小年温差与日温差，减缓温度变化的剧烈程度

这是因为森林的呼吸蒸腾与蒸发水分，消耗了大量热能。所以夏季森林在垂直与水平的一定范围内的气温较空旷地低，冬季又因林地内散热较空旷地少而又使气温略高于林外。森林蒸腾作用可促进水分小循环，改善小气候，增加降雨量。例如我国广东雷州，随着造林面积的扩大，年降雨量有所增加。据观测，50 年代平均降雨量为 1300.3 毫米，60 年代为 1425 毫米，70 年代达到 1708.8 毫米。

第五，森林是陆地上最大、最理想的物种基因库

森林具有明显的层序性，形成了许多不同的小生境或小气候条件，为动物提供了良好的栖息场所。每个小生境中生活着许多有代表性的生物，是世界上最富有的生物区。据估计仅热带雨林中就有数万种生物。这些生物遗传库已给现代农作物与药草提供了许多物种，实际上，农作物与药材都是来自野生生物种。目前，仅印度就有 2500 种植物可作药物。森林中蕴藏着丰富的动、植物资源，其中许多种类尚未被人类发现，是人类的宝贵财富。

从生态学角度看，森林是世界上较复杂的一种自然生态系统。对地球生物圈的物质循环与能量流动有巨大的影响。森林在

净化城市空气方面有重要的作用，如吸收 CO_2、制造 O_2、过滤灰尘、防止风沙与病菌、减弱噪声等等。森林又是木材与木材产品的来源，对发展工农业生产也具有重要的作用。据国外报道，目前世界上仍有 1/3 的人类是以木材为做饭的燃料，就柴火这一用途来说，到 2000 年，人类需要种植 30 亿亩的树木。但目前，这方面的造林速度仅达 3 亿亩，如果不加以保护，任意砍伐，势必造成森林资源的减少以至于消失。农村能源问题能否解决，将对今后世界森林资源破坏程度起着至关重要的作用。

人们为了发展农业或其他目的，大量砍伐森林，已造成了世界森林量的迅速减少。根据联合国粮农组织与环境规划署 1981 年的估计，每年约有 1110 万亩稀疏林被用做耕地或作为薪柴砍伐。如果按这种毁林速度，热带潮湿森林将在 177 年后全部被毁。有的国家毁林问题更严重，如科特迪瓦与尼日利亚每年损失其森林的 5.2%。巴西每年对密闭林的砍伐占拉丁美洲砍伐量的 35%。

美国：	只剩有不到 15% 的原始森林
苏格兰：	只剩有不到 1% 的原始森林
中国：	10 年内将消耗所有可采伐的森林
加拿大：	50% 的原始森林破砍伐
挪威：	只剩有 3% 的原始森林
孟加拉：	90% 以上的原始热带森林已被破坏

海地：　　　几乎所有的原始雨林已被破坏

厄瓜多尔：　每年有 14000 公顷的森林被破坏

巴西亚马逊：3600 万公顷的森林被破坏

　　与 8000 年前相比，全球森林的面积足足减少了 80%。当前，每两秒钟，就有一片足球场大小的森林从地球上消失。

　　据资料显示，世界森林资源面临着两大威胁：一个是亚洲森林消失速度越来越快，另一个是非洲森林大量减少。由于亚洲人口集中的压力和商业性伐木的增加，其仅存的森林正在逐渐消失，其中有些亚洲国家的森林损失甚至是灾难性的。

　　我们再来看看非洲的森林状况。非洲的森林每年要减少约 130 万公顷，许多非洲国家的森林面积从本世纪初以来减少了一半，其中一些国家的森林已经面临着消失的危险。非洲森林大量减少的原因除了沙漠侵蚀、干旱和森林火灾以外，就是大量的树木被当做木柴烧掉了。在非洲无论是农村还是城镇，居民们的主要生活燃料就是木柴，随着人口越来越多，木柴的消耗量也越来越大。

　　今天更可怕的是，素有"地球之肺"之称的南美洲亚马逊森林，占地 700 万平方千米，现在正遭受着来自人类的毁灭性破坏。据报道，自 20 世纪 70 年代以来，巴西亚马逊河流域的原始森林 16.3% 遭到破坏，总面积达 65.3 万平方千米，相当于法国和葡萄牙两国国土面积之和。

仅在 2002～2003 年度，被毁的森林就有 2.375 万平方千米，比塞尔希培州的面积还大，比 2001～2002 年度因自然灾害遭破坏的面积还多 2%。森林遭破坏最严重的是马托格罗索州，有 1.0416 万平方千米。

森林被毁的主要原因是各州毁林种地，由于目前国际市场上大豆供不应求，价格上扬，有的州政府和农民不顾国家长远利益毁林扩大大豆种植面积。

专家指出，热带雨林的减少不仅意味着森林资源的减少，而且意味着全球范围内的环境恶化。如果亚马逊的森林被砍伐殆尽，地球上维持人类生存的氧气将减少 1/3。而且在数年之内至少有 50 万～80 万种动植物种灭绝，雨林基因库的丧失将成为人类最大的损失之一。

苏门答腊岛森林砍伐使野生动物面临生存危机

森林不仅是极其重要的植物资源，也是陆地生态系统的重要组成部分，它涵养水源、保持水土、防风固沙、保护农田、净化大气、防止污染，同人类的生活及经济建设都有着极其密切的关系。有人说，地球的死亡起始于森林的消失，这是因为森林在生命的物质循环中起着重要的作用，地球上所有生物总量的三分之二和约一半的氧的主要生产都是由森林承担的。在生态环境中的森林资源被喻为人类的摇篮，森林与人类建立了极其密切的共存关系，在地球生态史上，森林面积曾达到了76亿公顷，有三分之二的陆面为森林所覆盖。而据今天的统计，现在世界仅约有林地28亿公顷，如果说地球的死亡起始于森林的消失，那么保护森林、开发森林资源，这无疑应当是人类保护其生存环境所要做的头等大事。

我国森林资源现状与特点

我国森林生态系统的类型齐全，包括由热带雨林到亚寒带针叶林的各种类型。1949年我国森林面积为1.87亿公顷，覆盖率13.0%。70年代减少到1.8亿公顷，覆盖率12.7%。到80年代末，覆盖率上升到12.98%，相当于1949年的水平。1991年森林面积达到12863万公顷，森林覆盖率为13.4%，森林蓄积量由80年代初的每年0.3亿立方米"赤字"，增加到现在的0.38亿立方米盈余，这表明中国森林的可持续发展已有良好的势头。但是，用材林的消耗量仍然高于生长量，森林质量不高，郁闭度偏

低（全国平均为 0.52%），大片森林继续受到无法控制的退化、任意改作其他用途、农村能源短缺以及森林病虫害的危害，要消灭用材林的"赤字"与森林的破坏或退化，则要求采取一致紧急行动，大力培育森林资源，使公众了解森林的重大影响，并参与保护森林资源的各种活动。

我国森林资源特点：

第一，树种与森林类型繁多

构成我国森林的树种极其繁多，据统计，全国乔灌木树种约有 8000 种，其中乔木约 2000 种，包括 1000 多种优良用材及特用经济树种；我国森林类型众多，拥有各类针叶林、针阔混交林、落叶阔叶林、常绿落叶阔叶混交林、常绿阔叶林、热带雨季林、雨林以及它们的各种次生类型。

第二，人均森林资源少，覆盖率低

我国现有森林面积 1.3 亿公顷，仅占国土面积的 13.92%，占世界森林总面积的 3%～4%，人均森林面积为世界平均水平的 18%。活木蓄积量少，不到世界林木蓄积量的 3%，人均林木蓄积量相当于世界人均水平的 13%。

第三，森林分布不均

我国森林资源主要分布在偏远的东北与西南地区。这些地区森林面积占有全国的一半，森林蓄积量占全国的 3/4。人口稠密、工农业生产发达的华北与中原地区，森林蓄积只占全国的 3.4%。占国土一半的西北部地区以及内蒙森林面积不及全国 1/30。

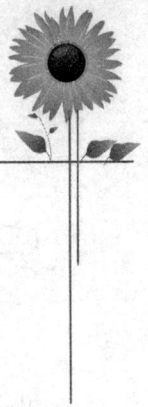

中国森林分布图

第四，森林资源结构不合理

森林资源结构不合理性表现为林种结构与林龄结构不合理。林种结构中用材林面积过大，防护林与经济林面积偏少，不利于发挥森林的生态效益与经济效益。林龄结构中幼龄占 33.8%，中龄占 35.2%，成熟林占 31%，成熟林比例小，近期可供采伐的森林资源不足。

第五，森林地生产力低

我国森林地生产力低主要表现为：林业用地利用率低、残次林多、单位蓄积量少与生长率不高。

（二）退化的草原与荒漠化

千百年来，草原发挥着维护人类生存环境的重要功能，又是可适度利用进行家畜放牧生产的草地资源，保持着生物生产过程中物质循环和能量输入输出的自然平衡，成为天然的生态安全保障体系。

20 世纪 50 年代后，人口增长与经济发展使草原牧区和农牧交错区的生产规模不断扩大，导致在很大程度上超负荷利用和开发草地资源，成为造成草原荒漠化的生态、经济和社会根源。草原的荒漠化现象的日趋加重，不得不引起人们高度重视。

那么究竟什么叫荒漠化呢？过去我们常理解为"沙漠不断扩大，把沙漠里的沙子扩散到越来越广的肥沃土地上去"，这是不准确的。荒漠化一词是 1977 年联合国荒漠化会议以后才为国际正式广泛采用的一个科学名词。

从世界范围来看，60 年代末和 70 年代初，非洲西部撒哈拉地区连年严重干旱，造成空前灾难，使国际社会密切关注全球干旱地区的土地退化。"荒漠化"名词于是开始流传开来。

1992 年在联合国环境与发展大会上，将其定义作了简要归纳，所谓荒漠化是指由于气候变化和人类活动在内的种种因素，造成的干旱、半干旱和半湿润地区的土地退化。也就是由于大风吹蚀，流水侵蚀，土壤盐渍化等造成的土壤生产力下降或丧失，

都称为荒漠化。这一概念也为荒漠化防治国际公约所采纳。

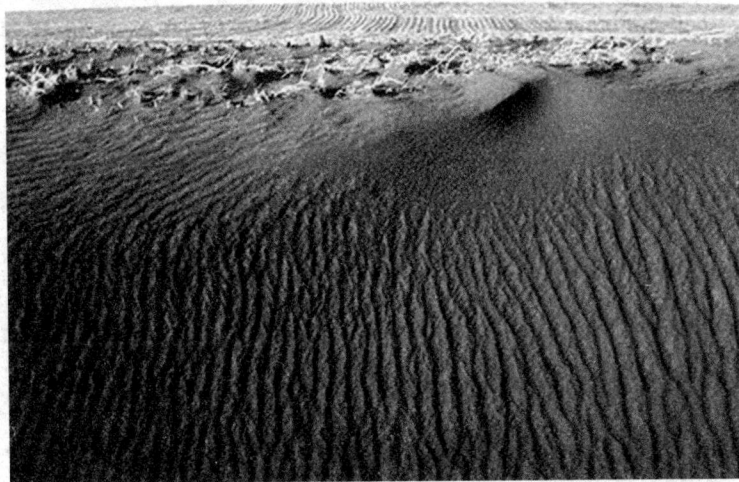

世界荒漠化现象仍在加剧

　　1996 年 6 月 17 日第二个世界防治荒漠化和干旱日，联合国防治荒漠化公约秘书处发表公报指出：当前世界荒漠化现象仍在加剧。全球现有 12 亿多人受到荒漠化的直接威胁，其中有 1.35 亿人在短期内有失去土地的危险。荒漠化已经不再是一个单纯的生态环境问题，而且演变为经济问题和社会问题，它给人类带来贫困和社会不稳定。到 1996 年为止，全球荒漠化的土地已达到 3600 万平方千米，占到整个地球陆地面积的 1/4，相当于俄罗斯、加拿大、中国和美国国土面积的总和。全世界受荒漠化影响的国家有 100 多个，尽管各国人民都在进行着同荒漠化的抗争，但荒漠化却以每年 5～7 万平方千米的速度扩大，相当于爱尔兰

的面积。到二十世纪末，全球损失约 1/3 的耕地。在人类当今诸多的环境问题中，荒漠化是最为严重的灾难之一。对于受荒漠化威胁的人们来说，荒漠化意味着他们将失去最基本的生存基础——有生产能力的土地的消失。

荒漠化是地球上最为普遍的土地退化形式，是较为严重的"地球疾病"，甚至被称为"地球的癌症"。土地荒漠化的表现大致为土地沙漠化、盐碱化和草原退化三种形式。

据联合国资料，目前全球 1/5 人口，1/3 土地受到荒漠化的影响。1992 年 6 月世界环境和发展会议上，已把防治荒漠化列为国际社会优先发展和采取行动的领域，并于 1993 年开始了《联合国关于发生严重干旱或荒漠化国家（特别是非洲）防治荒漠化公约》的政府间谈判。1994 年 6 月 17 日公约文本正式通过。1994 年 12 月联合国大会通过决议，从 1995 年起，把每年的 6 月 17 日定为"全球防治荒漠化和干旱日"，向群众进行宣传。我国是《公约》的缔约国之一。

目前，我国荒漠化形势十分严峻，根据全国沙漠、戈壁和沙化土地普查及荒漠化调研结果表明，我国荒漠化土地面积为 262.2 万平方千米，占国土面积的 27.4%，近 4 亿人口受到荒漠化的影响。据中、美、加国际合作项目研究，中国因荒漠化造成的直接经济损失约为 541 亿人民币。

我国荒漠化土地中，以大风造成的风蚀荒漠化面积最大，占了 160.7 万平方千米。据统计，70 年代以来仅土地沙化面积扩大

速度，每年就有 2460 平方千米。

现在再来看看草原退化的情形。根据有关方面的最新调查显示，到 2009 年止我国严重退化草原近 1.8 亿公顷，且以每年 200 万公顷的速度继续扩张，天然草原面积每年减少约 65 万至 70 万公顷，同时草原质量不断下降。约占草原总面积 84.4％的西部和北方地区是我国草原退化最为严重的地区，退化草原已达草原总面积的 75％以上，犹以沙化为主。虽然近年国家加大投入，实施了一系列草原生态治理和保护建设项目，但草原生态恶化的局面没有得到有效遏制。

下面是我国草原生态退化从"点"到"面"的窘境：

锡林郭勒盟 2006 年退化、沙化草场面积已达 18446 万亩，占可利用草场面积由 1984 年的 48.6％扩展到 64％。西部荒漠化草原和部分典型草原约有近 7500 万亩"寸草不生"。进入上世纪 90 年代至 2002 年间，浑善达克沙地流动沙丘面积每年增加 21.45 万亩。锡林郭勒盟草原生态屏障的作用明显削弱，成为威胁首都和华北地区生态安全的重要沙源地。

甘南藏族自治州及玛曲县 90％以上的天然草原都不同程度地存在退化现象。全州重度、中度退化面积分别达 1220 万亩和 2040 万亩，分别占天然草场面积的 30％和 50％。玛曲县境内 100 多眼泉水和 11 条黄河支流常年干涸，补给黄河的水量比 80 年代减少 15％左右。玛曲草原对黄河"蓄水池"的水源涵养功能和黄河水量的补充作用正在削弱。

锡林郭勒大草原也面临退化威胁

　　堪称我国"条件最好草原之一"的呼伦贝尔草原，近年也出现不同程度的退化、沙化和盐渍化现象。据 2005 年调查结果显示，陈巴尔虎旗境内的呼伦贝尔草原退化、沙化、盐渍化"三化"总面积达 1070 万亩，占全旗草原总面积的 47%。呼伦贝尔大草原"风吹草低现牛羊"的美景已变为"浅草才能没马蹄"的窘境。

　　中国土地荒漠化的警报，就是近年来越来越严重的沙尘暴。土地的沙化给大风起沙制造了物质源泉，所以说沙尘暴是土地荒漠化引发的一种气象灾害。

　　扬沙与沙尘暴都是由于特定区域地表尘沙被大气流剧烈活动

带起造成的。其共同特点是能见度明显下降，天空混浊。两者大多在北方春季冷空气过境时现，所不同的是扬沙天气影响的能见度约在 1 千米到 10 千米之间。而沙尘暴风天气的能见度甚至小于 1 千米。

特大沙尘暴在民间被俗称为黑风。黑风在我国古代文献中早有记载，如公元 1830 年，宁夏中卫及兰州一带"春三月二十八日卯时，中卫天忽昏黑，室内点灯，至午开始大明。兰州府属州县大风昼晦"的表述，无疑是一次黑风天气过程，而且我们也不难联想到《西游记》中唐僧师徒遭遇黑风怪的故事。

沙尘暴作为一种高强度风沙灾害，并不是在所有有风的地方都能发生，只有那些气候干旱、植被稀疏的地区，才能可能发生沙尘暴。沙尘暴多发生在每年的 4～5 月。以我国西北地区为例，每年此时，在太平洋上形成夏威夷高压，亚洲大陆形成印度低压，强烈的偏南风由海洋吹向陆地，控制大陆的蒙古高压开始向西向北移动，寒暖气流在此交汇，较重的西伯利亚寒流自西向东来势快，常形成大风。形成沙尘暴的风力一般 8 级以上，风速约 25 米/秒。

此外，通过实验研究人员得出一条结论：沙尘暴发生不仅是特定自然环境条件下的产物，而且与人类活动有对应关系。人为过度放牧、滥伐森林植被，工矿交通建设尤其是人为过度垦荒破坏地面植被，扰动地面结构，形成大面积沙漠化土地，直接加速了沙尘暴的形成和发育。

87

沙尘暴给人们生活带来很大影响，图为兰州市横跨黄河的一座桥上，

一对新人冒着沙尘拍摄婚纱照。

2000 年 4 月间，中国科学院的专家对当时北京"沙尘暴"的沙尘样本做过检测。他们发现 80％以上的样本属壤质和沙质土壤。其化学成分表明：这些沙尘中有很大部分是来自干旱农田、撂荒地和退化草场。

新中国成立以来，为了解决粮食问题，内蒙古地区曾兴起三次大规模开垦草原的高潮。第一次是 1958 年至 1962 年，片面强调"以粮为纲"，开垦草原，大办农业和牧业基地。第二次是 1966 年至 1976 年，提倡所谓"牧民不吃亏心粮"，盲目开垦草原。据有关人员统计，从 1958 年至 1976 年的 18 年间，内蒙古全区开垦草原 206.7 万公顷。第三次是从 1980 年年末开始的持

续 10 年的草原开垦高潮。虽然目前还没有第三次垦荒面积正式的统计数据，但有一项调查表明，其"开垦强度和开垦面积大于前两次"。如此大规模的开垦，不仅把地面平整、土壤肥沃、土质较厚的很多优质牧场开垦成农田，还把固定沙漠的绿洲、草原湿地、河谷滩地、湖盆洼地、沙丘间低地全部开垦殆尽。

在干旱地区开垦耕地的结果往往事与愿违。例如在鄂尔多斯草原，1986 年至 1996 年开垦的 12 万亩土地中，有 8 万亩沙化，被迫撂荒，占总开垦面积的 66.7%。当地群众痛心地说："一年开草场，二年打点粮，三年五年变沙梁。"根据科学观测，草场一旦被开垦，少则三五年，多则七八年，具有生产能力的表层土便会随风逝去，剩下的土壤由于颗粒粗，保水保肥能力差，不再具有经济利用价值，便被遗弃，沦为撂荒地。这些耕地和撂荒地上扬起的尘埃极易形成大规模的尘暴。

我国北方地区沙尘暴发生越来越频繁，且强度大，范围广。新中国成立后，我国各级气象台站对强沙尘暴有过多次准确的记录。但是，直到 1993 年 5 月 5 日特强沙尘暴之后，国内大规模的研究和更深入的专门探讨才真正开始，预报和警报等业务体制开始逐步建立，也由此才有了对沙尘天气的分型以及关于沙尘暴的比较完整的定义。

1993 年 5 月 5 日新疆、甘肃、宁夏先后发生强沙尘暴，造成116 人死亡或失踪，264 人受伤，损失牲畜几万头，农作物受灾面积 33.7 万公顷，直接经济损失 5.4 亿元。大风掠过武威的时

候，正好是乡间小学放学之后，田野之中纵横交错的灌渠旁，高高兴兴地走在回家路上的懵懂学童，对即将面临的厄运毫无察觉，当灾害突然袭来的时候，不少孩子被吹落渠中殒命，他们来不及也无力躲避……这是一个黑色的日子，因为一种苦难而让我们铭记。由此可以说，1993 年是世界范围内沙尘暴研究的一个新的发端。这一年的春天，有无数的人在中央电视台新闻联播时间看到了"5.5"黑风突袭金昌的录像片段，据说是一个正在试用新摄像设备的目击者偶然拍摄到的，后来成为沙尘暴形成机制的珍贵研究资料。

1998 年 4 月 15～21 日，自西向东发生了一场席卷我国干旱、半干旱和亚湿润地区的强沙尘暴，途经新疆、甘肃、宁夏、陕西、内蒙古、河北和山西西部。4 月 16 日飘浮在高空的尘土在京津和长江下游以北地区沉降，形成大面积浮尘天气。其中北京、济南等地因浮尘与降雨云系相遇，于是"泥雨"从天而降。宁夏银川因连续下沙子，飞机停飞，人们连呼吸都觉得困难。

沙尘暴虽是一种发生在沙漠和干旱沙化地带的区域性天气现象，但它的影响已波及全球，发生在中亚或中国西部的沙尘暴可以影响到东亚甚至美洲西海岸；据联合国环境计划署报告，半个世纪以来，亚洲沙尘暴的强度增加了近 5 倍，是全球自然灾害增多的重要方面。仅在亚洲沙尘暴每年造成的经济损失达 65 亿美元左右。

据记载，我国西北地区从公元前 3 世纪到 1949 年间，共发

沙尘暴袭来的情景

生有记载的强沙尘暴 70 次，平均 31 年发生一次。而新中国成立以来近 50 年中已发生 71 次。气象学家认为，近年来，我国西北地区的沙尘暴呈加重的趋势，带来了一系列生态问题，并且危及我国北方的广大地区。

（三）违背自然的"水泥化"

在人类还没有崛起的远古时代，地球陆地被绿色覆盖面达90％以上。但随着人类社会的发展带来的城市化，人们日益大面积拔光地球上的植物及其滋养的各种生物，然后用钢筋浇铸水泥，建造起了一片又一片的水泥丛林，用灰色取代了绿色，而且

面积不断扩大。

　　需要指出的是，由于近年来中国城市化进程加快，城市建设速度也随之大大提高，与此同时，城市"水泥化"问题也越来越突出。

中国城市的水泥化值得反思

　　所谓城市"水泥化"，是泛指使用混凝土、沥青、花岗岩、大理石、釉面砖、硅酸盐等建筑材料来硬化城市的现象，硬化的表面包括地面、墙面、屋顶和水体。这种硬化设计的初衷本是希望减少城市粉尘，增加建筑的美感、提高水体的清洁度等。然而，这类硬化设计带来的真实效果却是加重了城市的热岛效应、增加了粉尘治理的难度、使水体水质恶化、使雨水资源流失、使城市植被不健康、使城市的噪音污染加剧、使城市的居住舒适度

变差。

与其他影响城市环境质量的因素相比，"水泥化"给城市环境带来的问题所涉及的方面是最广、最为多样的，总结起来主要有以下七个方面：

1. 水泥化建材能吸收大量的太阳辐射热，在夏季的阳光下，混凝土平台的温度可比气温高 8℃，屋顶和沥青路面高 17℃，因此水泥化会使城市热岛效应重，悬浮颗粒物沉降难，使空气质量难以改善。

2. 水泥化表面会反射辐射热和噪音，进而加重城市的热效应和噪音污染，直接影响城市居住的舒适度和居民的健康。

3. 水泥化衬砌河道、河岸和湖体会使水体生态系统受到毁灭性破坏，水体因此而丧失自净功能，其结果是水质下降，水体出现发绿发臭，甚至病菌和蚊蝇大量滋生等问题，使水体污染加重。

4. 水泥化铺路会使城市地面吸收雨水和雪水的机会被阻，城市的地下水位回升难。这样的地面不下雨时极为干燥、尘土飞扬，而一遇下雨就满地积水，地表径流污染严重，进入雨水排放口后，这些污染的径流会直接进入河道或湖体，从而污染河水、湖水。在冬季，水泥化地面易结冰，引发行路和行车的安全问题，为化雪需要大量使用融雪剂，使雪水受到污染。因此水泥化会严重危害城市的水资源。

5. 水泥化铺路还会减少土地中微生物的生存机会，因而毁灭

地表生态、减少地面土层补充有机质的机会，从而加重城市土地的沙化。

6. 水泥化铺路还阻断了城市地面的生物通道，对城市的生物物种和生物多样性十分有害。硬化的铺地方式会直接影响城市植被的根系发育。在栽种了树木的地面进行水泥化铺设会使树木最终因树根不能呼吸而死亡或倒伏。

7. 水泥化城市难以带来人与自然和谐共存的生态景观。

遗憾的是，"现代化就是水泥化，世界化就是高楼化"的错误理念在我国的城市设计中还大有市场。城市大地的水泥化，已是普遍现象。这些年每个城市都在快速扩张，扩到哪里，水泥就铺到那里。据统计，2000～2004 年间，全国城市建成区总面积净增 30％多，达 7967 平方千米。这是多么巨大的一块"水泥板"！

有一个城市在进行城市水系整治时，将河道底部全部用水泥板铺装起来，然而完工没有多久，河道却变成了"无法呼吸的死河"。水是活的有机体，水体必须与土壤进行有机交换才能保持其活性，而水泥板河底使这种交换被阻隔，无法呼吸的死河最终使活水变成了死水。

城市大地本来有如湿润的地毯，冷暖调节有致。水和热量因此跟大气、土地直到想到深的地下形成了一个生态循环。而裸露地面戴上水泥面具之后，则割断了大气和大地的热循环交换，产生了"热岛效应"。城市大地的"硬化"，给城市铺了水泥底，封死了雨水和地下水的水循环交换，原先该渗透进地下的雨水无路

可走，排水管来不及排，自然下雨即淹。而更大的隐患是，雨水都顺着水泥板流走了，地下水涵蓄不够，地下水位越来越深。因为地表盛不住水，于是又搞防渗，人为隔断水体和土壤的交流，于是水质发臭变质，生物消亡。生态系统被破坏，恶性循环遂愈演愈烈。

水泥化的水沟让水生植物找不到家

虽然，从空间的功能和用途乃至经济效用上看，城市化为迅速扩大中的都市人口提供了新的住宅区、写字楼和商业购物中心、道路和立交桥等。然而，从物质环境的角度来讲，这些不同的空间都是用同样的形式和材料，即以水泥化的形式来体现的。为了省工省料，原有的砖瓦兼水泥的房屋变成了全部水泥的房

屋。为了汽车的方便，住宅密集区原有的红砖灰砖路统统变成了水泥路沥青路。就连北京园林里的路，只有颐和园和景山公园还保持了原有的青砖路，大部分都变成了水泥路。

城市中的土壤就更不用说了，几乎全部被压在一个个商业购物中心写字楼居民小区的大片水泥板块下面。一个令人吃惊的事实是，仅 2006 年，中国就消耗了世界水泥总产量的 40％，到了 2007 年这个数字上升到 55％，其中大部分建成了房屋公路，成为中国城市化最主要的原材料之一。水泥是一种需要千百年才可能变回土壤的材料，沥青则可能根本不能变为土壤。水泥和沥青都是无法再生出任何有机物，而且还释放放射性元素的物质。压在沥青水泥下面的土壤，在既不透气又不透水的情况下，逐渐沙化的可能是很大的。

城市化除了带来过多的水泥外，还永久带走了人类不可或缺的资源：土地和生机。城市的发展到目前为止一直是一个吞噬土壤和生机的不可逆过程。我们知道，中国的可耕地面积相对于人口数量和整个国土面积而言是偏低的。中国国土面积同美国差不多，人口却是美国的七倍，而可耕地面积则仅仅是美国的一半。可利用土地资源的人均占有量较低，不足世界平均值的三分之一。尽管如此，在过去的十几年里，每一年都在大量流失稀缺的可耕地。从《中国环境公报》上的数据看，从一九九二到一九九九年之间，可耕地每年净减几十万公顷，二〇〇〇年以后每年净减一百至两百多万公顷。

其实，"城市化就是水泥化"这一观念在国际上已经过时，取而代之的新趋势是：尽量建造能让自然重新回归城市的环境模式。

为建设环境质量高的生态城市，欧洲许多国家的城市把彻底拆除城市中不必要的水泥化地面与河道，放到了非常重要的位置。德国著名的生态城市弗莱堡，在十几年前就开始把城市中所有的小街、广场、社区、停车场、人行道、步行街等，都改造成多种形式的透水地面，包括透水砖地、石块地、孔型砖地、碎石地、树枝屑地等等。地面透水改造，给弗莱堡的环境质量带来了多方面的改善：首先，大量的雨水有了渗透入地的通路，地下水位得到了迅速地回升，也有效缓解了雨季时城市的防洪问题；其次，回升的地下水位又使城市的植被能完全脱离人工浇灌而郁郁葱葱，城中的泉眼、水道与河中也能够清水长流。另外，由于透水地面能保护地表生态，使地表土层富含有机质和植被，解决了地面扬尘问题。而且，弗莱堡城中的水泥墙面都由爬藤类植物所覆盖，大大增加了降尘功能，提高了空气质量。

其实，我国曾经是一个在建造透水性地面有很高技术的国家。比如，传统的园林、庙宇、宅院、街道，其铺设都是透水的。从江南古镇中的卵石街巷，到北京北海边上的团城，都足以说明：中国古建中对透水地面的设计和铺设已经达到了几乎完美的水平。中国保留至今的传统建筑为我们留下了大量具有生态设计思想、原则和技术的实例，这能很好地帮助我们走出水泥化的

误区，找到最适合国情特点的设计和建设方法。我们要有能够看到它们价值的眼光，再把我们做错了的事情纠正过来，使城市建设模式既能极好地保留自己独特的传统文化，又能真正达到国际生态城市的检验标准。

中国需要尽快走出水泥化的误区，用生态设计的原则指导城市建设，这就是：尽量顺应自然、尊重自然规律，高效利用自然界的资源、能源和自然界的物质循环规律，以及自然界自身形成的景观，来建设我们城市的环境。

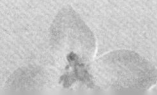

四、空虚的地壳

地壳是倾斜的 是挤压的 在它的内部

你永远不可能预测 什么和什么会靠近

什么和什么又会彼此分离

比如瓷爱上水中百合 明朝的椅子爱上裸着的模特儿

比如一只猫爱上事物内部所有的黑 比如黑爱上我

我爱什么呢 我爱鱼骨和画布 我爱蝴蝶煽动着的 翅膀上的夏天

我爱夏天的海 我爱海在你白皮肤上闪烁 瓦蓝的波光

是的 我将会失去它们 它们也会失去挤压进我深处的记忆

像海会失去石头 棕榈叶失去狮子 男孩的眼中失去鸽子和树

什么又会凸起 请别太靠近黄昏 彗星和眼泪将会在瞬时交错

我倒挂在侏罗纪 你歪向白垩纪

绿色蜂鸟 芭蕉 蜥蜴的骨骼在你的肺叶里　呼吸我

青铜匠人和精卫鸟同时在我的左心房的海水里 雕刻你

而贝壳和你的星期天一起 我和雪花一起

你在宋的马背上涉河 我在尼罗河的水中逢清明耕作

真的就是奇迹 这些句子挤压进另一些内部 成为诗歌

就像精子挤进卵子 偶然挤进偶然 成为生命

几万年 幽绿的菩萨坐满了我们周围的岩层

几十万年 菩萨被挤压进我的怀中

几百万年 菩萨和我叠加在一起

几千万年 你 我 还有菩萨叠成一个

《爱、诗歌以及地壳的运动》（叶蔚然）

（一）古老大地承载生命

人类经常讴歌的"大地"，实际上就是地壳。当前的地壳是由岩石组成的固体外壳，地球固体圈层的最外层，岩石圈的重要组成部分。其底界为莫霍洛维奇不连续面（莫霍面）。整个地壳平均厚度约 17 千米，其中大陆地壳厚度较大，平均为 33 千米。高山、高原地区地壳更厚，最高可达 70 千米；平原、盆地地壳相对较薄。大洋地壳则远比大陆地壳薄，厚度只有几千米。

地壳分为上下两层。上层化学成分以氧、硅、铝为主，平均化学组成与花岗岩相似，称为花岗岩层，亦有人称之为"硅铝层"。此层在海洋底部很薄，尤其是在大洋盆底地区，太平洋中部甚至缺失，是不连续圈层。下层富含硅和镁，平均化学组成与玄武岩相似，称为玄武岩层，所以有人称之为"硅镁层"（另一种说法，整个地壳都是硅铝层，因为地壳下层的铝含量仍超过镁；而地幔上部的岩石部分镁含量极高，所以称为硅镁层）；在大陆和海洋均有分布，是连续圈层。两层以康拉德不连续面隔开。

今天的地壳是经过一个很长时期的演化而来的。

1. 太古代（距今约 25 亿年之前）

太古代是地质年代中最古老、历时最长的一个代，即原始地壳以及原始大气圈、水圈、沉积圈和生物的发生、发展的初期

阶段。

太古界的地层由变质深的正、副片麻岩组成。已知其中最古老的年龄为40多亿年。据此认为，在此之前地球便出现了小型的花岗岩质地壳。由沉积岩变质而成的副片麻岩的出现，说明当时有了原始大气圈和水圈，并有单纯的物理化学风化。在这些结晶变质岩基底上覆盖着一层变质较轻的绿岩带，其中有火山岩和沉积岩，它们形成于当时地面的凹陷带，后来才经历变质作用。其年龄在34亿～23亿年间。据推测，太古代早期地球表面有许多小型花岗质陆块，它们之间有深浅多变的古海洋。后来各小陆块在移运中结合成面积较大的大陆板块。

太古代的地壳运动和岩浆活动既广泛又强烈；火山喷发频繁，故使大气圈和水圈才得以形成。原始海洋的面积可能比现在大，但平均水深则浅得多。现在世界各地蕴藏丰富的海相层状沉积的变质铁锰矿床和岩浆活动形成的金矿等就是在这时期形成的。当时的大气圈可能富含碳酸气、水蒸气和火山尘埃，只有少量的氮和非生物成因的氧。海水也是酸性矿化水（后来才逐渐被中和），陆地是灼热的，荒芜的。在某些适宜的浅海环境中，有些无机物质经过化学演化跃变为有机物质（蛋白质和核酸），进而发展为有生命的原核细胞，构成一些形态简单的无真正细胞核的细菌和蓝藻。这只是出现于太古代的后期。

总的来说，太古代是原始地理圈的形成阶段，陆地是原始荒漠景观，水域是生命孕育和发源之地。当时地壳与宇宙之间以及

和地幔之间的物质能量交换比后来任何时候都强烈得多。

2. 元古代（距今 25 亿～6 亿年前）

在元古代，大陆性地壳逐渐由小变大，从薄增厚，火山活动相对减少，岩性也从偏基性向偏酸性转化。下元古界有巨厚的碎屑堆积，大有利于强烈的花岗岩化活动及导致大型侵入体的形成。由于大气中二氧化碳浓度降低和水中钙、镁离子增多，开始出现有化学沉积的碳酸盐岩。它将直接影响到岩浆过程的演化，导致碱性派生岩的出现。随着大气中游离氧的增加，氧化环境也开始出现了。生物的出现对环境的影响还不大，所以在元古界无大量的生物化学沉积。元古代末还发现有冰碛岩，这是全球性第一次大冰期的产物。

这时地球上的植物界第一次得到大发展，出现了数量较多的能进行光合作用与呼吸作用的较原始的低等植物，如绿藻、轮藻、褐藻、红藻等。这些微古生物已可用于地层的划分和对比。在元古代晚期，原始动物也出现了。如澳洲的埃迪卡拉动物群，其中有海绵、水母、节虫、扁虫及软体珊瑚等水生无脊索动物化石。在北美还发现有海绵骨针化石。

元古代有多次地壳运动，较广泛的有我国的五台运动，吕梁运动、澄江运动、蓟县运动等；北美有克诺勒运动、哈德逊运动、格伦维尔运动、贝尔特运动等。历次造山运动形成的褶皱带都使原有的小陆块逐渐拼合在一起成为古陆，后来都成为各大陆

的古老褶皱基底和核心，前寒武纪陆台（或称地台），现在出露的只占陆地面积的 1/5。

3. 古生代（距今 6 亿～2.3 亿年前）

古生代包括寒武纪、奥陶纪、志留纪、泥盆纪、石炭纪和二叠纪。据研究，6 亿～7 年亿年之前，大陆经历过多次分合，在元古代末期（晚前寒武纪），各分散陆块曾联合组成泛大陆。寒武纪时泛大陆发生分裂，在南部成为冈瓦纳大陆，北部分为北美、欧洲和亚洲三个大陆，彼此间被前海西海、前加里东海、前乌拉尔海和前特提斯海（前古地中海）所分隔。奥陶纪末开始发生加里东造山运动。至泥盆纪时，前加里东地槽已褶皱成山，古欧洲与北美合成一块大陆。晚石炭纪时经海西运动后，前海西地槽消失了，使欧美大陆与冈瓦纳大陆合并。至晚二叠纪，前乌拉尔海也消失了，亚欧大陆形成，全球又成为一个新的泛大陆。

各地质时代的地壳运动和海陆分合，对地理环境带来很大的变化：大陆分裂引起海侵，大陆合并引起海退；对生物演化也有重大的影响。在寒武纪，泛大陆发生分裂并引起海侵，大陆架广布，海生无脊索动物空前繁盛，其中以节肢动物的三叶虫占化石总数的 60%，腕足类约占 30%，其他仅占 10%。这时海生植物也有向陆生植物过渡的迹象。自泥盆纪以后的晚古生代，大陆趋于合并，海退不断发生，许多海生无脊索动物的居留地消失，它们的种类和数量因而大减。相反，鱼类则全盛起来，陆生植物也

日趋繁茂。地球表面从此结束了一片荒漠和无臭氧层的时代。至石炭、二叠纪又成为两栖动物的全盛时期，植物界也从孢子植物发展成为裸子植物。在石炭、二叠纪的各大陆都分布以蕨类为主的大森林，成为地质历史上重要的造煤时期。

4. 中生代（距今 2.3 亿～7 千万年前）

中生代包括三叠纪、侏罗纪和白垩纪。现有许多资料证明，泛大陆的重新分裂发生于中生代，即始于晚三叠纪，主要分裂在侏罗纪和白垩纪，且一直延续到新生代。白垩纪时，北大西洋向北展宽，南大西洋已有一定规模，印度向东北漂移，印度洋也随之扩大，而古地中海则趋于缩小。

中生代各地都有强烈的造山运动，欧洲有旧阿尔卑斯运动，美洲为内华达运动和拉拉米运动，中国为印支运动和燕山运动。这时褶皱、断裂和岩浆活动都极为活跃。在我国东部形成一系列华夏式隆起与凹陷，许多有色金属和稀有金属矿床的形成都与这时的岩浆活动有关，在断陷盆地中也形成煤、石油和油页岩等矿物。我国大陆的基本轮廓也在这时建立起来了。

生物界较古生代有很大发展。古生代末出现的裸子植物在中生代已成为最繁盛的门类，它们靠种子繁殖，受精过程完全摆脱了对水的依赖，更适于陆地的生境。这又是植物进化中的一次飞跃。像苏铁类、银杏类、松柏类等陆生植物的大量发展，不仅为成煤作用创造了有利的条件（如世界广泛分布的侏罗系煤层），

而且也为爬行动物的发展提供了丰富的食物基础。

　　整个中生代，爬行动物成为当时最繁盛的脊索动物。在陆地上有食草和食肉的恐龙，在海上有鱼龙和蛇颈龙，在空中有翼龙。与此同时还出现有蜥蜴、龟、鳖、鳄鱼、蛙类和昆虫等。在海生无脊索动物中的菊石也极为昌盛。因此，有人把中生代称为恐龙时代、菊石时代或苏铁时代。但到白垩纪末，这些盛极一时的生物种类大都绝灭了，仅有一部分能残存下来。而当时已经出现但处于弱势的原始的鸟类和哺乳动物则进入了壮观的新生代；被子植物从此欣欣向荣。

5. 新生代（7千万年前～现在）

　　新生代包括老第三纪、新第三纪和第四纪，是距今最近的一个代。继中生代之后，海底继续扩张，澳洲与南极洲分离东非发生张裂，印度与亚欧大陆碰撞。在第三纪发生强烈的地壳运动，欧洲称为新阿尔卑斯运动，亚洲称喜马拉雅运动。在古地中海带（阿尔卑斯－喜马拉雅带）和环太平洋带形成一系列巨大的褶皱山体。在古老的地台区也发生拱曲、断层等差异性升降运动，在断陷盆地中广泛发育了红层。这次造山运动和伴随的海退作用，使从中生代继承下来的自然地理环境发生了显著的变化。

　　从全球来看，老第三纪地表主要是温暖潮湿的气候。在强烈的造山运动之后，大气环流系统，尤其是区域性环流系统也发生了变化，许多地方趋向于干冷。我国西部青藏高原的隆起，给东

部季风环流系统以很大的影响，尤其是华南地区成为与同纬度地区不同的暖湿森林景观。在第四纪，由于温带和两极的气候进一步变冷，地球上发生了大规模的冰川作用，经历了多次冰期与间冰期的变化。生物也因生境的变化而变化。

在植物界，老第三纪以被子植物的大发展为特征，植物群落由原来单调的针叶林转变为花果丰硕的常绿阔叶林。当气候趋于干冷之后，许多地方的植被发生了旱生化现象。在新第三纪初出现了以单子叶草本植物为主的草原，在第四纪又出现了苔原。动物界以哺乳类的空前繁盛为特点，故新生代又称哺乳动物时代。湿热森林区繁茂的被子植物，对哺乳类的发展起很大的促进作用。昆虫的繁盛也与被子植物的发达有关。被子植物和昆虫的广泛分布又促进了鸟类的昌盛。当草原面积扩大后，在有蹄类和啮齿类中出现了许多食草性的草原动物群，随之而来的食肉动物也增加了。

特别重要的是在第四纪出现了人类。这是地球历史上具有重大意义的事件。人类经过复杂的发展过程之后，又逐渐成为干扰、控制和改造自然环境的一个重要的因素。所以，第四纪又被称为"灵生代"。

了解地壳运动和地球生物发展的历史，对今天的人们来说意味着什么呢？上天、下海和入地，一向被称为人类的三大梦想。这些梦想，从来没有像今天这样，与现实结合得如此紧密。刚刚离开我们的这个冬天，是我们经历过的少有暖冬；而正在到来的

夏季，也将是几十年来最热的夏天。这些现象，是大自然的一种警示。警示的确切含义是什么？有科学家认为，答案一定来自地球内部。

为了探索地球内部，为人类和地球的未来找到新的方向。1996 年正式启动国际大陆科学钻探计划，被称为人类的"入地计划"。迄今为止，全球有 45 个入地项目正在实施中。进入 21 世纪，"入地计划"经历了大的思路调整，其八大焦点，都是在为人类的未来寻找出路。这八大焦点是：全球变暖、撞击结构、地质生物圈和早期生命、火山体系和热场、地球活动断裂、地幔柱和大火成岩省、汇聚板块边界和碰撞带、自然资源。

其中，全球变暖这是国际大陆科学钻探关注的最大焦点。自从工业革命以来，地球上的气候确实发生了全球的和区域性的改变。自上个世纪 70 年代以来，全球进一步变暖，海平面上升，区域性气候的改变，以及极端的气候灾变，严重影响了人类的生活环境。国际大陆科学钻探的科学家和组织者一致认为，科学家有责任开展研究，探讨当前和过去区域和全球的气候改变机理。在大陆科学钻探实施的 45 个项目中，有 18 个都与全球变暖有关。例如，2006 年在危地马拉开展的湖泊钻探项目，其科学目标是研究古气候、玛雅热带雨林的古生态学和生物地理学，包括植被变化、人类的干扰、气候的改变和火灾等，其中也包括深湖中生物化学的循环，尤其强调微生物学与地球化学的结合，以及矿物形成和成岩作用。

对地质生物圈和早期生命也是研究重点之一。我们所指的生物圈是指行星地球上存在生命的部分，由岩石圈、水圈和大气圈这三个相互重叠的带组成。而地质生物圈，则增加了地质时间的概念，是指整个地质历史时期的生物圈。地质生物学的一项重要内容，是要研究生命的起源问题。据估算，地球上生物圈中大约90％的原核细胞存在于海洋和陆地表面以下的环境。但是，至今人们并不知道生物圈下部的深度界限，包括深部微生物构成、深部控制微生物数量和活动的因素，以及深部生命的界限等。认识这一点，对生命现象的理解与未来的预测，有非常重要的意义。国际大陆科学钻探，正是在这个时候、在这方面起了重要作用。美国已经开始了两个钻探项目，研究太古代的生物圈和早期生命演化。13个国家的60科学家正计划在俄罗斯北极钻14个孔，研究地质历史上地球大气圈和海洋中氧上升的原因和时间表，以及生物的演化等。

火山活动是自地球形成以来一直存在的一种地质作用，它参与了地球各圈层的形成和演化，是行星上一个最基本的现象。强烈的火山喷发会造成严重灾害，但火山喷发也为人类提供了许多重要的矿产资源，还将地球内部的碳氢氧及其化合物带至地表，从而为地球上生命的起源和演化提供了物质基础。火成岩也是透视地球内部的窗口，其携带的各种岩石捕虏体就是来自地球内部的使者。通过火成岩的岩石学和地球化学研究，可以追踪和揭示地球内部物质组成及其演化过程。

　　我们生存着的大陆地壳，在地质历史上也像人一样有新生和死亡，新的陆地主要诞生在大洋中脊，消亡板块主要发生在俯冲带，即板块汇聚边缘和碰撞带。板块的俯冲归因于地球上大规模对流地幔的下沉作用。这个板块汇聚边缘的部分，往往扮演了最大的受冲击点，地应力集中，地壳遭受变形和被破坏，而地应力的聚集和释放往往会产生地震。2004 年苏门答腊岛大地震、1960年智利南部的大地震、1964 年阿拉斯加州的大地震和 1923 年摧毁东京的大地震，都发生在这个带上。地球上约 60% 人口居住在距海岸线 50 公里的范围，因此，探讨边缘海的地质灾害以及它们的迁移，是科学和经济的需求。

　　2008 年 5 月 12 日在四川汶川发生的 8 级大地震，使人民的生命财产遭受重大损失，人们探索地壳的历史已经地壳运动的奥秘愿望更为强烈。而科学钻探对此类研究具有巨大的潜力，是一个完整的不可或缺的部分。

（二）海底钻探危机四伏

　　多年来，为了解地壳，科学家一直试图钻透地球最表面的这层薄薄的硬壳，但是他们始终未能如愿。由于海底是地壳最薄的地方，通过在海底进行钻探，科学家最近已经接触到了地壳最深处的秘密，但是他们还在盼望着完全钻透地球，一窥地幔特征的那一天。

2006 年，一组国际合作的科学家首次在东太平洋的洋底钻出了 1.5 千米深的一口井，由于当地特殊的地质构造，科学家首次完整地获得了一直延伸到地壳深处辉长岩层的岩石样本。此时，他们距离钻透整个地壳，只有几步之遥。

让我们回到 1957 年，当时美国地质学家沃尔特芒克提出了一个雄心勃勃的计划。这个计划的核心内容十分简单，那就是打一口井，把整个地壳钻透。由于这口井要一直打到莫霍界面——地壳与地幔的分界面上，这个计划被称为"莫霍计划"。有人认为，"莫霍计划"是地质学家对于 20 世纪 50 年代太空计划大发展的一个回应。既然人类已经可以进入太空，甚至准备飞向月球，那么人类脚下的另一片前沿领域也理应得到重视。

"莫霍计划"选择了在洋底而不是在陆地上钻井，原因很简单：洋底的地壳比陆地的地壳薄得多。在大陆上挖一口贯穿地壳的井，需要向下挖 30 到 50 千米。如果把地点选在了喜马拉雅山脉附近，可能需要挖 80 千米。即便只有 30 千米，目前的钻井技术也很难满足要求。井挖得越深，对钻杆的要求就相应提高；而钻头将无法抵御地壳深处的高温。如果在洋底挖同样的一口井，只要挖大约 5 千米，就可以抵达地幔。

1961 年，在得到政府资助之后，一群美国科学家开始实施"莫霍计划"。在"莫霍计划"的第一阶段里，他们进行了一组试验性质的钻探，在太平洋西海岸靠近墨西哥的地方钻了 5 个深度不超过 200 米的井。

这几乎是"莫霍计划"的全部直接成果了。1966 年，由于美国国会砍掉了对于"莫霍计划"的拨款，这个计划的第二和第三阶段还没来得及实施，就突然死亡了。但是"莫霍计划的"价值并没有消亡，它为后来的洋底钻探计划提供了许多有用的信息，包括应该在何处钻井。"莫霍计划"还促进了一些深海钻探技术的进步。

1968 年，美国建造的格洛玛挑战者号海洋钻探船下水。这艘钻探船是为了美国的"深海钻探计划"建造的。作为"莫霍计划"的后继者，深海钻探计划的目的并不是钻透地壳，而是对全球海底地质情况进行一次大检查。

20 世纪 60 年代，科学家首次在大西洋底发现了一条巨型的山脉。随后又在世界其他地方发现了类似的洋底山脉，科学家称之为洋中脊。科学家推测说，洋中脊的产生和地壳之下的地幔热对流有关。热对流让洋中脊拱出洋底，并且朝两边扩张。这个理论被称作海底扩张。

格洛玛挑战者号在大西洋和太平洋的洋中脊附近钻了许多口井，提取了其中的沉积物和岩石的样本。结果，科学家发现，距离洋中脊越远的样本年龄也就越久远，反之就越年轻。这一坚实的证据支持了海底扩张的理论。后来，海底扩张理论成为现代地质学中板块学说的一部分。

"深海钻探计划"及其后续的计划，都可以追溯到 40 多年前的"莫霍计划"。它们为科学家了解地壳的演化以及监测地震都

做出了很大的贡献，然而，把地壳打穿仍然是许多地质学家的愿望。

2005年，一组来自多个国家的科学家，在美国加州大学圣塔巴巴拉分校的地质学家道格拉斯威尔森的带领下，乘坐钻探船来到了东太平洋海域。他们参与的这项计划称作"综合大洋钻探计划"。这一次，他们试图寻找到洋底地壳最薄弱的地点，并从中挖出尽可能多的信息。

1992年，美国哥伦比亚大学的地质学家迈克尔帕蒂曾经提出了一个理论，认为洋底地壳如果形成的速度较快，那么那里的地壳就比较薄。而一个较薄的地壳，也就意味着科学家可以相对容易地钻到地幔。通过测量洋底的磁场分布，科学家可以找出哪些地区的地壳形成速度更快。在过去的岁月中，地球的磁场曾经发生过多次倒转。科学家已经整理出了一份磁场倒转的时间表。当岩浆从地幔上涌，逐渐冷却形成新的地壳时，它会记录下当时的地球磁场的方向，就像一枚枚凝固在岩石中的指南针。不断向外扩张的洋底地壳就成为一条记录地球磁场变化的磁带。

通过对照磁场倒转的时间表，科学家就可以发现哪些地点地壳扩张的速度更快。这次，他们选中的地点是中美洲哥斯达黎加以西800英里（1英里≈1.61千米）的东太平洋海域。在这里，地壳每年扩张约20厘米，速度可能超过了今天地球上任何洋中脊的扩张速度。为了寻找这个地点，科学家花费了3年时间。找到合适的地点并不意味着万事大吉。钻探船上的科学家在这里放

下了钻杆。然而，这里的岩层硬得出奇，一共有 25 具碳化钨钻头在钻探过程中损坏。

后来科学家终于看到了此行需要寻找的目标：辉长岩的岩芯样本。辉长岩是一种颗粒状的岩石，通常由岩浆缓慢冷却形成。科学家起初推测，他们从洋底之下 1.5 千米处提取到了这些辉长岩，意味着他们钻到了一个曾经的岩浆库——岩浆从地幔上涌，在这里积聚。有些岩浆继续上涌，形成地壳，其余的留在岩浆库里慢慢冷却，形成了他们如今采集到的辉长岩。但是后来的分析表明，他们取得的标本可能来自一个较小的岩浆库，而不是起初认为的大型岩浆库。但是，这仍然是一个令科学家激动的发现。

这组科学家并没有接触到地质学家梦寐以求的地幔，他们打算继续进行钻探工作。也许在不远的将来，我们就能了解到来自地球更深处的秘密。

以上所述是科学家为了了解地壳构造而进行的钻探，对地壳和环境带来的影响可以忽略不计。但是，为了增加石油产量，许多国家将目光投向了海洋，这种利益驱使下的海洋钻探，对海洋环境造成了一定程度的破坏，有可能产生较严重的后果。

2008 年 11 月，据英国广播公司报道，74 位著名地质学家在南非举行的会议上得出结论，印度尼西亚鲁西泥火山喷发由钻探石油和天然气这一人为因素导致。鲁西泥火山于 2006 年 5 月喷发，持续数年向外喷射沸腾的泥浆，生活在东爪哇岛的大约 3 万人因为它的喷发被迫转移。由于鲁西泥火山喷发，大约有 1 万个

家庭房屋被毁。灾难发生后，这些不幸的家庭一直在等待赔偿。但石油与天然气钻探公司却否认附近的一口钻井导致泥火山喷发，并指责发生在 280 千米外的一场地震才是罪魁祸首。

在南非举行的会议上，地质学家对新公布的证据进行了讨论，绝大多数人认为钻探才是导致泥火山喷发的真正原因。媒体报道说，地质学家的结论无疑是这场确定灾难责任人的拉锯战取得的一个重大进展。

英国达翰姆大学的理查德·戴维斯教授表示，这些数据显示钻井内压力增大导致出现断裂，断裂从钻孔向 150 米外的地表蔓延，最终造成鲁西泥火山喷发。但钻探公司的顾问却利用同样的初步数据得出相反结论，声称钻井内的压力处于可接受的范围，甚至将造成断裂的罪魁，直指发生在离鲁西泥火山大约 280 千米处发生的一次 6.3 级地震。但科学家表示，地震级数并不高，不会造成如此大的破坏力。鲁西泥火山的受力影响非常小，只相当于一辆重型卡车在山顶碾过。

在进行表决时，与会的 74 名科学家有 42 人认定钻探才是导致泥火山喷发的真正原因，只有 3 人将原因归咎于地震，另有 16 名科学家认为这仍只是一个非决定性证据，余下的 13 人则认为泥火山喷发是由地震和钻探共同导致。戴维斯教授说："我一直都相信钻探才是导致泥火山喷发的真正原因。国际科学家的意见进一步让我深信这一结论。"

几年来，鲁西泥火山一直向外喷射泥浆，每天喷出的泥浆足

印尼鲁西泥火山喷发造成大量房屋被淹

以填满 50 个奥运会游泳池。一些地质学家认为,鲁西泥火山将继续喷发数十年。喷发导致的泥流淹没了 4 个村庄和 25 家工厂。

随着经济的发展,各国根据自己的需要,加大了对能源、资源掠夺式的开采。有专家指出,人类对海底资源的过度开采引起了海底地层结构的变化,对海底地震起到了诱发和促进作用。专家认为,天然气水合物的开采存在着极大的隐患,因为天然气水合物决定着沉积物的物理特性,因此影响着海底的稳定性。天然气水合物直接关系到海上石油和天然气开发的安全。油气生产引起的少许的压力或温度的变化就可能引起天然气水合物层的断裂,从而引起井喷、海底塌陷和沿岸滑坡。而井喷、海底塌陷和沿岸滑坡很容易引起海啸的发生。鉴于这一原因,美国矿产管理局特别禁止石油公司在已发现有天然气水合物存在的海域钻探。

天然气水合物的开采还可能引起气温升高。据悉,开采天然

气水合物将有大量的甲烷向大气中释放，这将对气候产生极大的影响，因为甲烷的温室效应比二氧化碳要大得多。据测算，甲烷令全球气温变暖的潜能，在 20 年的期间内是二氧化碳的 56 倍。甚至有人说，这类气体的大规模自然释放，在某种程度上导致了地球气候的急剧变化。8000 年前那场在北欧造成浩劫的大海啸，就是这种气体的释放所致。

另外，深海原油泄漏是一个令石油工业界感到恐怖的幽灵。深海石油泄漏的后果在于其日后的清理将极其困难。常规的泄漏之后，石油会聚成油团，可以收集，但深海泄漏所造成的污染之广，其结果不是在海面形成一层油膜，泄漏的石油象光线一样四处扩散。研究表明，深海泄漏的原油会在数天以后在数英里外浮出海面，根本无法清除。

随着人类对石油天然气的需求日益增长，对海洋的钻探也在加剧，这不能不让人为之担忧。

（三）采煤引发土地沉陷

煤炭是一种可以用作燃料或工业原料的矿物。它是古代植物经过生物化学作用和地质作用而改变其物理、化学性质，由碳、氢、氧、氮等元素组成的黑色固体矿物。

煤作为一种燃料，早在 800 年前就已经开始。煤被广泛用作工业生产的燃料，是从 18 世纪末的产业革命开始的。随着蒸汽

机的发明和使用，煤被广泛地用作工业生产的燃料，给社会带来了前所未有的巨大生产力，推动了工业的向前发展，随之发展起煤炭、钢铁、化工、采矿、冶金等工业。煤炭除了作为燃料以取得热量和动能以外，更为重要的是从中制取冶金用的焦炭和制取人造石油，即煤的低温干馏的液体产品——煤焦油。经过化学加工，从煤炭中能制造出成千上万种化学产品，所以它又是一种非常重要的化工原料，如我国相当多的中、小氮肥厂都以煤炭作原料生产化肥。此外，煤炭中还往往含有许多放射性和稀有元素如铀、锗、镓等，这些放射性和稀有元素是半导体和原子能工业的重要原料。

各种工业部门都在一定程度上要消耗一定量的煤炭，因此有人称煤炭是工业的"真正的粮食"。

然而，对煤炭的巨大需求带来了对煤矿的疯狂开采，给地壳和环境带来了不可弥补的恶果。先让我们看一个例子：

2008年10月9日13时55分，江西省芦溪县源南乡石塘小学操场中间突然塌陷，形成了一个大约直径6米、深3米的圆形大坑。与这所小学相邻的42户居民楼也都不同程度地开裂。

无独有偶。在此事件发生前的5月12日15时，源南乡档下村三家塘组的一块稻田发生地面塌陷，面积足有1500平方米，深数十米。

事实上，在萍乡，10年间，几乎每年都要发生不同程度的地陷。

1999 年 12 月 14 日，上栗县赤山镇枫桥牛屎塘发生严重地陷，前来萍乡办案的两名宜春市民警，连人带车栽进深不见底的大坑中，造成了车毁人亡的悲剧。

2000 年 12 月 15 日，赤山镇枫桥村小学出现塌陷和大面积裂缝。数百名学生被迫迁出。

萍乡发生多起地陷

2004 年国庆期间，湘东区湘东镇巨源村熊家山第 6 村民小组发生地陷，地裂范围达到 3 平方千米，境内的部分山冈、田地、乡村和公路都出现不同程度的裂缝，还造成 2 栋房屋倒塌，20 多

栋房屋成为危房。

2008 年 8 月 29 日，安源区长兴馆管理处光头岭一居民楼旁发生地陷、形成了一个深约 2.5 米、面积约为 60 平方米的大坑。

人们不禁要问，塌陷到底是如何产生的，为什么这么多年来萍乡屡屡发生塌陷呢？

萍乡素有"江南煤都"之称，是长江以南最大的煤田和主要的煤炭生产基地。20 世纪 60 年代～80 年代，为了扭转"北煤南运"的局面，萍乡一直采取超强度的不规范开采方式，整个矿区几大煤矿开采后，相继形成了 6 个相对独立的地面塌陷盆地，分别称为：安源－高坑塌陷区、青山塌陷区、白源塌陷区、巨源塌陷区、黄冲－焦源塌陷区和杨桥塌陷区，全区井田总面积 81.9 平方千米，开采总面积 45.1 平方千米，塌陷总面积 79.7 平方千米。塌陷区内房屋、道路、农田、水利等建筑设施均遭受严重破坏，给当地的经济和社会造成了巨大损失。

萍乡市国土资源局地质环境科有关人士分析说，萍乡的地面塌陷主要发生区域为灰岩地区和坑采矿区。从地质构造方面看，萍乡的岩溶地貌分布较广，预测上栗县的桐木－下坊都为地面塌陷易发区，湘东城区－上株岭、白源－高坑为地面塌陷次易发区。伏秋干旱期，地下水位普遍下降，岩溶地下水的开采量增加，相应增大了地面塌陷的可能性，所以塌陷发生时间以伏秋干旱期为主。

对于坑采矿区而言，萍乡煤田开采历史长，开采状况复杂，

尤其是萍乡矿区煤系底部多为灰岩含水层和多煤层重复采动，从而加剧了地面塌陷的速度。此外，因采矿长期排水，地下水位下降。当地下水位下降到一定程度后，随着地下水潜蚀作用和掏空能力的加强及溶洞中充填物的流失，原本相对平衡的状态遭到破坏，因而造成地面塌陷。

因采煤引发的地陷，已经深深困扰着中国各个产煤地。

最新研究表明，全国累计煤矿采空塌陷面积已超过70万公顷，而且这一数字每天都在随煤炭产量的增加而提高。大面积的采空塌陷及其带来的经济损失和生态破坏，给我国的煤炭生产敲响了警钟。

山西是我国煤炭产量最大的省份，采空塌陷灾害也最为严重。1980年至1999年的20年间，山西生产原煤34.1亿吨，相应的采空塌陷面积达到8.18万公顷，采空塌陷所引发的耕地破坏、地面和地下工程损毁损失约为22.51亿元，平均每开采1万吨煤，造成采空塌陷灾害直接经济损失6600元。1993年，原大同矿务局晋华宫矿发生大面积采空区塌陷，造成3.8级塌落地震，影响半径达15千米，经济损失数百万元；1994年，大同黄土坡煤矿采空区塌陷，楼房倒塌导致20人死亡。据有关部门统计，仅1997年大同市就发生采空区塌陷37起，其中村庄塌陷面积4000多平方米，9人在塌陷中丧生。

很多地方，因采煤富起来的煤老板大多举家外迁，只有少数的村民留守沉陷的土地。截至2004年，山西因采煤引起严重地

质灾害的区域达 2940 平方千米以上，目前沉陷区面积正以每年
94 平方千米的速度增长。

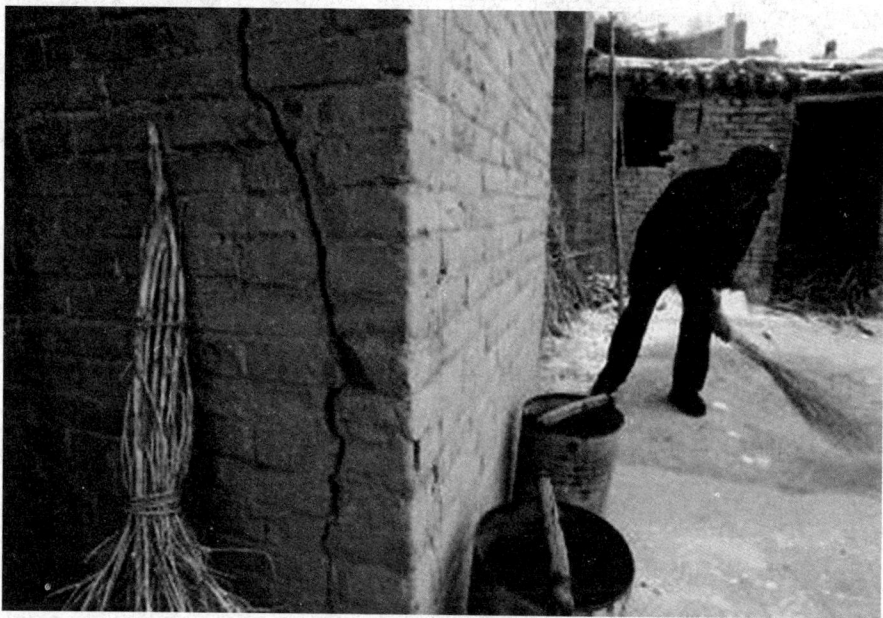

山西采煤引发地陷，2940 平方千米生态被严重破坏，图为因地陷开裂的住房

鸡西、鹤岗、双鸭山、七台河是黑龙江省的四大煤城。经过
几十年的不断开采，如今四大煤城的脚下形成了一个近 500 平方
千米的塌陷面积，直接受影响的群众达 30 多万人。由于城市建
设规划滞后，城区在矿井周围自由发展，很多矿工及家属就住在
煤矿上方，街区坐落在煤田上方，地下挖空了，必然会导致这 4
座城市的塌陷问题日益严重。七台河矿区自 1958 年开发建设以
来，累计生产煤炭 2.8 亿吨，同时形成严重的沉陷灾害，全市累

计下沉 2.5～6.5 米。鸡西矿区已开采 80 多年，已形成地表采煤沉陷区 193 平方千米。鹤岗矿区自 1945 年以来累计开采煤炭 5.5 亿吨，到现在，地面沉陷区面积达 63.73 平方千米，最大沉陷深度 30 米，开裂宽度 6 米多。目前，该市采空区正以每年 130 厘米的速度下沉。

专家介绍，随着工业化进程对能源和原材料的巨大需求，我国每年从地表和地表深处开采出约 50 亿吨的矿产品，扰动了地球环境，改变与破坏了地球表面和岩石圈的自然平衡，产生了采空塌陷等地质灾害。采空塌陷导致江河断流，泉水、地下水枯竭，土地干旱贫瘠，农业歉收，生态环境恶化；还会导致高速公路、铁路、机场和西气东输、南水北调等重大工程以及城市建筑因处理采空塌陷而增加建设难度和费用。而处于采空塌陷区的煤矿城市则面临着地质灾害加重和经济发展变缓的双重夹击，可谓雪上加霜。

煤炭采空塌陷治理是一个世界性难题，西方发达国家包括德国著名的鲁尔矿区都曾不可避免地遇到类似难题。目前，国外对采空区的治理大致采取采一片回填一片的办法，用矸石、土石和水泥填埋采空区。目前，中国的煤矿采空塌陷问题已引起党中央、国务院的高度重视，并已拨出几百亿元资金着手治理采空塌陷和矿山生态环境，各采煤区也纷纷制订相应的方案，一些矿区的治理工作已初见成效。

因采煤塌陷而被放弃的房屋

（四）城市塌陷为哪般？

　　由采煤引起的地面塌陷已经给一些产煤地带来了严重后果。但近年来，这种地陷频频出现在城市中，广州、上海、深圳、杭州、武汉、天津等全国数十个城市都出现了不同程度的地陷。据中国地质调查局最新数据，我国已有50多个城市不同程度地出现地面沉降和地裂缝灾害，沉降面积扩展到9.4万平方千米，发生岩溶塌陷1400多起。

　　同采煤塌陷一样，城市地陷也不是天灾，而是与现代人类活动大有关联。越来越多的研究表明，随着我国城市日趋膨胀、建设渐臻高峰，发生地陷的可能性越大。过度抽取地下水、铺设地

125

下管道、修建地铁、建设高楼……现代化工程一旦缺乏规划与防护，极可能引起更多的地陷发生。

地质专家介绍，根据国外经验，人均 GDP 达到 3000 美元以后，由于城市地面价格上涨，土地资源紧缺，会出现城市地下空间开发高峰。地铁、城区隧道、人防工程、停车场、超市等，将使地下成为城市"第二空间"。城市地下空间安全不仅涉及施工环节，还涉及地下商场、地下娱乐场所、地下停车场、地下仓库、地铁、隧道、人防工程、高层建筑地基、地下管网等各方面。近年来，由地铁建设引发的地面沉陷尤为突出：

2005 年 11 月、2006 年 1 月和 6 月、2007 年 3 月，北京地铁 10 号线发生坍塌事故；

2007 年 1 月 22 日，深圳地铁工程白石洲 22 号通道大面积塌陷；

2007 年 11 月 29 日，北京市大望路向南行驶方向发生路面塌陷，形成东西长约 10 米、南北宽约 6 米、深五六米的大坑，使向南行驶的四条车道全部中断，对 CBD 交通造成严重影响；

2008 年 7 月初，上海市锦绣路、高科西路路口出现大面积塌陷情况，埋藏在地面下的自来水管、燃气管道以及电缆线管线等都受到损坏，严重影响该路口及周边区域交通安全，并引发交通拥堵；

2008 年 10 月 17 日，北京西单文化广场附近路面坍塌；

2008 年 11 月 8 日，南京江宁区龙眠大道地铁一号线南延线

第15标段发生箱梁支架坍塌事故；

2008年11月15日，杭州市发生地铁施工塌陷事故，造成二十一人死亡；

2008年12月19日，广州市白云区夏茅村沙园坊因路面塌陷导致两栋房屋下沉6米，其中一栋倒塌，周围10余栋房屋倾斜或出现裂缝；

2009年7月14日，北京市建国路大望桥主路西侧东向西方向外侧车道发生路面塌陷，面积约占两条车道。

杭州地铁施塌陷事故现场

地铁施工塌陷，原因不外3种：一是地质环境条件的内在因

素，二是路面交通车流外在诱因，三是层层转包形成技术和管理风险。无论哪种因素，结果都表明随着城市建设向地下快速发展，地下空间安全问题日益突出。

近年来在深圳、杭州、上海发生的大型地陷事件，被证实多与地铁建设有关。在中国，当前最剧烈的地下人类活动，莫过于狂飙突进的地铁施工。来自地铁方面的统计结果也表明，2008 年广州发生的地陷，超过一半都与地铁施工开挖有关，而且具有地面塌陷、沉降隐患的地铁施工沿线还有多处。

在广州，地质灾害近年不断攀升，2005 年广州市共发生各类地质灾害 19 宗，共造成 3 人死亡，2 人受伤，直接经济损失约 2969 万元。2006 年广州发现地质灾害隐患点 71 处，威胁到 1262 户约 7149 人的安全，其中重要地质灾害隐患点 50 处。而到了 2007 年，广州已发现并记录的地质灾害隐患点共有 572 处，威胁到 3641 户约 18224 人的安全，其中重要地质灾害隐患点有 90 处。而地质灾害隐患点中，不少存在着地陷的可能。

接二连三的地陷之后，流言出现。民间恐慌也以地陷点为中心，迅速向四周扩散、蔓延，并一步步积累、加剧。

"住在哪里都觉得不安稳，连走路都怕。晚上不敢熟睡，一有动静马上拎起枕边的旅行袋往外跑。"有人撰文细述地陷时的恐怖，"洞像嘴巴一样慢慢张开，越张越大"，"听得到吱吱地响声，地下冒出一股白烟"。也有人用镜头记录地陷场景，"开始，地面颤动"，"接着出现一指宽的裂缝，迅速扩大到能伸进拳头，

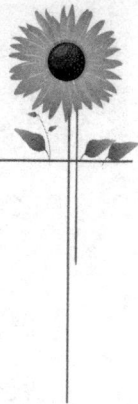

广州地陷频繁，专家称与建地铁有关

裂缝呈弧线形伸展，1米，2米，10多米……地面下陷"。

目前，全世界已有100多座城市开通300多条地铁线路，总长度超过6000千米。虽然地铁等交通设施的修建极大地方便了人们的出行，但问题在于，人类活动与地质结构，如何达成一个合适的度？地陷造成的直接损失何其之大。一项研究表明，中国长三角地区因地面沉降所造成的地面损失已经达到3150亿元。而地陷造成的间接损失，更不可估量。

除了地铁，还有地下管网留下的麻烦。一个大中型城市，地下管线往往会超过数千、上万千米，宛若地下迷宫。有的管道年久失修，在维修管网的同时，也给地陷提供了可能。目前，上海市政管线总长度达4万多千米，北京市也已超过3万千米。如此庞大的地下空间，生产安全工作之重要，比矿井、矿山安全有过

之而无不及。

另外，超量开采地下水，也造成城市地面沉降，建筑物开裂、倾斜，影响安全。在许多城市和工矿区，地面来水不够用，就打井抽取地下水。随着人口的增长和生产的发展，采取地下水的量越来越大，而地下水的自然补充和恢复又跟不上，如此入不敷出，天长地久就形成一个地下水面以城市和工矿区为中心，中间深，四周浅的大漏斗。早年井水离地面不过两三米的地方，如今井深 60 米也不见水了。

以山东滨州为例，调查发现，该市商家滥用地下水情况极为严重。对此，中国地质监测院吴爱民博上说："山东滨州地下就是一个漏斗，北方几乎每个地下水超采城市就是一个漏斗。"

深层地下水虽然量大质优、易于开采，但补给十分困难，采后极易导致黏土层压缩，引起地面沉降。目前，超采地下水造成的地下水漏斗群几乎已遍布全国，全国已形成漏斗区面积达 8.7 万平方千米，相当于 5 个北京市的面积。

形成漏斗区后，在未来的某一天要么海水倒灌，要么地表下沉。海水倒灌指海水经地表到达陆地；海水入侵则指海水经地下到达陆地其成因主要取决于地质结构、岩层密度和取水量。地下水的过分开采，也是引发海水倒灌的重要因素。海水倒灌是我国沿海地区普遍存在且日趋严重的问题。

海水倒灌有很大的危害性。水中氯化物含量增加，蔬菜就要减产。氯化物超过 1000 毫克/升以上，土壤就要板结，地表白茫

茫一片。这样的水摄入人体，将会给人体健康造成的危害更是可想而知。不仅如此，水中盐度高，生产设备容易氧化，对工业生产同样造成威胁。

以海水倒灌情况较严重的大连为例，大连陆地面积为 12573 平方千米，截至 2004 年海水入侵面积为 385 平方千米，占大连陆地面积的 3%。危害已经开始产生。建地下水库、编制地质灾害防治规划……目前大连正尝试用多种方式，把海水从地下"赶尽杀绝"。

大连市旅顺口区三涧堡镇石灰窑村在旅顺口区北面，距海边不到 500 米。长期以来，村里人吃的、用的都是井水。以前井水是甜的，大概在 1990 年左右，村里人开始感觉井水变咸了。熬稀饭，正常应该越熬越黏稠，可用这种咸水怎么熬饭都是稀的，不好吃。用这种水泡茶也不行，没有茶味。用这种水洗衣服，肥皂怎么打也不起沫，总觉得洗不干净。这种情况越来越严重，到 1995 年前后，石灰窑村的井水已经咸得没法吃了。当时，距海较远的许家窑村的井水还挺正常。研究再三，石灰窑村决定向许家窑借水，在许家窑村找地方打了口井，再从这口井接一根 2 千米长的水管，把淡水引到了石灰窑村。从那以后，石灰窑村 2 千多名村民就吃从许家窑引过来的水。但最近几年，感觉这水也开始有点变咸了。现在，不只石灰窑村和许家窑村，附近的小黑石、付家甸子村都面临这个问题。

这些情况都是海水入侵造成的，除了旅顺，目前大连还有许

多地方存在海水入侵的问题。对于造成海水入侵的原因，专家介绍说，大连沿海一些地区地质结构以灰岩为主，其中有裂隙，通过这些裂隙形成的通道，海水和地下水相连。

以前两者间是平衡的，因为对地下水的过度开采，大连的地下水位急剧下降。同时，大连是缺水城市，近几年连续干旱，下降的水位不能通过雨水及时补充，这样，地下水间的平衡被打破，海水沿着地下岩层间的通道倒灌进入陆地，形成海水入侵。

海水入侵几乎是不可逆的。在海水入侵形成地区，即使能采取措施阻止新入侵形成，但因为地下原有的淡水已和海水混合在一起，要改善需要一个漫长的过程，三五年、十年八年甚至更长，并且成本很高。海水入侵将形成土壤盐碱化，植被不能生长，造成大片土地荒芜。以前，三涧堡是大连的蔬菜基地，上世纪80年代末、90年代初，出现海水入侵后，这里就再也无法大面积种植蔬菜了。频发的海水入侵已对农业生产造成了巨大的负面影响，给入侵区表层水土资源带来了一系列的生态环境问题：包括土壤水分降低、肥力下降、土壤中的水分与营养元素很不稳定、微生物活性减弱。

如果不采取措施，海水入侵还将影响到城市。海水中的氯离子对混凝土和地下管网都有腐蚀性，海水入侵到城市，必然大幅增加城市建设中的防腐成本。

总的说来，海水倒灌是源于"人为超量开采地下水造成水动力平衡的破坏"，自然因素只是对海水入侵起一定的影响和控制

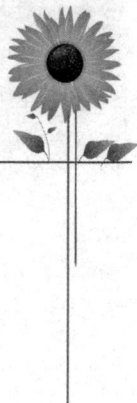

为防御海水入侵而修建的雨水资源利用工程

作用。我国海水倒灌主要出现在辽宁、河北、天津、山东、江苏、上海、浙江、海南、广西9个省份的沿海地区。最严重的是山东、辽宁两省，入侵总面积已超过2000平方千米。

五、流淌的泪水

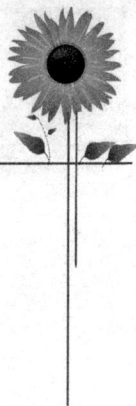

上善若水，水善利万物而不争。

——《老子》

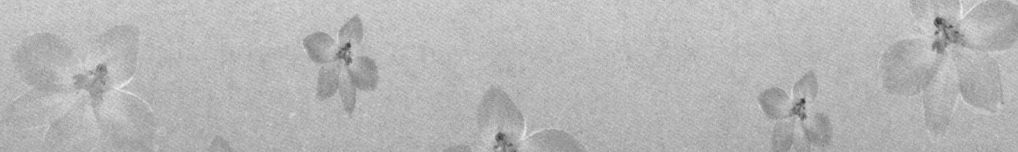

（一）生命之水敲响警钟

水是生命的源泉。人对水的需要仅次于氧气。人体细胞的重要成分是水，水占成人体重的 $60\%\sim70\%$，占儿童体重的 80% 以上。人如果不摄入某一种维生素或矿物质，也许还能继续活几周或带病活上若干年，但人如果没有水，却只能活几天。

人的各种生理活动都需要水，如水可溶解各种营养物质，脂肪和蛋白质等要成为悬浮于水中的胶体状态才能被吸收；水在血管、细胞之间川流不息，把氧气和营养物质运送到组织细胞，再把代谢废物排出体外，总之人的各种代谢和生理活动都离不开水。水在体温调节上有一定的作用。当人呼吸和出汗时都会排出一些水分。比如炎热季节，环境温度往往高于体温，人就靠出汗，使水分蒸发带走一部分热量，来降低体温，使人免于中暑。而在天冷时，由于水贮备热量的潜力很大，人体不致因外界温度低而使体温发生明显的波动。水是世界上最廉价最有治疗力量的奇药。矿泉水和电解质水的保健和防病作用是众所周知的。主要是因为水中含有对人体有益的成分。当感冒、发热时，多喝开水能帮助发汗、退热、冲淡血液里细菌所产生的毒素；同时，小便增多，有利于加速毒素的排出。

水是文明的摇篮。水文明史是人类古代文明水平的重要标

志。黄河流域、尼罗河流域、两河流域和印度河流域，是世界四大文明古国的发祥地。导源于黄河流域的中华水文明，是世界水文明的重要组成部分。尤其是中国的水文明，内容十分丰富，可以代表当时世界的先进水平。黄河和长江是中国的两条巨龙。从两晋时期开始，黄河流域开始向长江流域人文迁移，黄河流域和长江流域结合在一起以后就形成了中华大文明。

水是一切生命赖以生存，社会经济发展不可缺少和不可替代的重要自然资源和环境要素。但是，现代社会的人口增长、工农业生产活动和城市化的急剧发展，对有限的水资源及水环境产生了巨大的冲击。在全球范围内，水质的污染、需水量的迅速增加以及部门间竞争性开发所导致的不合理利用，使水资源进一步短缺，水环境愈加恶化，严重地影响了社会经济的发展，威胁着人类的福祉。地球的生命之源已经向人类亮出了黄牌警告。请看以下几件触目惊心重大水污染事件：

水俣病事件。日本熊本县水俣镇一家氮肥公司排放的废水中含有汞，这些废水排入海湾后经过某些生物的转化，形成甲基汞。这些汞在海水、底泥和鱼类中富集，又经过食物链使人中毒。当时，最先发病的是爱吃鱼的猫。中毒后的猫发疯痉挛，纷纷跳海自杀。没有几年，水俣地区连猫的踪影都不见了。1956年，出现了与猫的症状相似的病人。因为开始病因不清，所以用当地地名命名。1991年，日本环境厅公布的中毒病人仍有2248人，其中1004人死亡。

剧毒物污染莱茵河事件。1986 年 11 月 1 日，瑞士巴塞尔市桑多兹化工厂仓库失火，近 30 吨剧毒的硫化物、磷化物与含有水银的化工产品随灭火剂和水流入莱茵河。顺流而下 150 千米内，60 多万条鱼被毒死，500 千米以内河岸两侧的井水不能饮用，靠近河边的自来水厂关闭，啤酒厂停产。有毒物沉积在河底，将使莱茵河因此而"死亡"20 年。

"托里坎荣"号油船污染事件。1967 年 3 月 18 日，在英国西南七岩礁海域，该船满载 11.7 万吨原油在锡利群岛以东的七岩礁海域触礁，致使 8 万吨原油流入海中，留在船体内的原油被引爆，造成英国、法国海域原油污染。造成大量鱼贝类和海鸟死亡，赔偿金额达 720 万美元。这一事件后，海洋污染成为海事的重要问题。

2000 年 1 月 30 日，罗马尼亚境内一处金矿污水沉淀池，因积水暴涨发生温漫坝，10 多万升含有大量氰化物、铜和铅等重金属的污水冲泄到多瑙河支流蒂萨河，并顺流南下，迅速汇入多瑙河向下游扩散，造成河鱼大量死亡，河水不能饮用。匈牙利、南斯拉夫等国深受其害，国民经济和人民生活都遭受一定的影响，严重破坏了多瑙河流域的生态环境，并引发了国际诉讼。

淮河水污染事件。1994 年 7 月，淮河上游的河南境内突降暴雨，颍上水库水位急骤上涨超过防洪警戒线，因此开闸泄洪将积蓄于上游一个冬春的 2 亿立方米水放了下来。水经之处河水泛浊，河面上泡沫密布，顿时鱼虾丧失。下游一些地方居民饮用了

虽经自来水厂处理，但未能达到饮用标准的河水后，出现恶心、腹泻、呕吐等症状。经取样检验证实上游来水水质恶化，沿河各自来水厂被迫停止供水达 54 天之久，百万淮河民众饮水告急，不少地方花高价远途取水饮用，有些地方出现居民抢购矿泉水的场面。

面对水资源缺乏，水环境污染的严峻局面，全世界已经就拯救生命之水达成了共识。"世界水日"是人类在 20 世纪末确定的又一个节日。为满足人们日常生活、商业和农业对水资源的需求，联合国长期以来致力于解决因水资源需求上升而引起的全球性水危机。1977 年召开的"联合国水事会议"，向全世界发出严重警告：水不久将成为一个深刻的社会危机，继石油危机之后的下一个危机便是水。1993 年 1 月 18 日，第四十七届联合国大会作出决议，确定每年的 3 月 22 日为"世界水日"。

2005 年，联合国千年首脑会议决定，世界各国应在 2015 年之前将无法获得洁净饮用水的人口减少一半。2002 年召开的世界可持续发展首脑会议增加了一项承诺，争取在 2015 年之前使无法获得适当卫生服务的人口降低一半。在今年的世界水日来临前夕，联合国开发计划署、国际水协与北京清水同盟等机构在北京发表清水宣言："珍惜水资源，让她更清涟。"拯救地球生命之水，已经刻不容缓。

2006 年世界水日的主题是"水与文化"，联合国教科文组织日前公布《世界水资源开发报告》，面对全球水资源开发问题，

敲响九声警钟:

第一声警钟:水资源管理、制度建设、基础设施建设不足。由于管理不善、资源匮乏、环境变化及基础设施投入不足,全球约有 1/5 人无法获得安全的饮用水。

第二声警钟:水质差导致生活贫困。2002 年,全球约有 310 万人死于腹泻和疟疾,其中近 90% 是不满 5 岁的儿童。

第三声警钟:大部分地区水质下降。淡水物种和生态系统多样性迅速衰退,退化速度快于陆地和海洋生态系统。

第四声警钟:90% 灾害与水有关。许多自然灾害都是土地使用不当造成的恶果。日益严重的东非旱灾就是一个沉痛的实例。

第五声警钟:农业用水供需紧张。这部分用水已经占到全球人类淡水消耗的近 70%。

第六声警钟:城市用水紧张。2030 年,城镇人口比例会增加到近 2/3,从而造成城市用水需求激增。

第七声警钟:水力资源开发不足。发展中国家有 20 多亿人得不到可靠能源,而水是创造能源重要资源。

第八声警钟:水资源浪费严重。世界许多地方……有多达 30%～40% 甚至更多的水被白白浪费掉了。

第九声警钟:对水资源的投入滞后。

世界银行官员克劳迪娅·萨多夫指出:"水问题是一个国家在实现经济增长方面需要优先解决的问题。"水资源不仅仅是一个环境和经济问题,同时也是社会和政治问题。解决水资源缺乏

的问题，是一场全球性的运动。寻找新水源、重新分配水资源、提高人们节水意识、开发循环利用新技术、增强国际合作等等至关重要的工作，都需要全人类的共同参与。目前，人们对水污染、水缺乏的现状认识还远远不够。许多人觉得，水问题不过是政客的炒作，杞人忧天罢了。每天的自来水都是取之不尽，用之不竭，又不是世界末日，所谓的水污染、水匮乏还遥远的很。然而，果真如此吗？

（二）湖泊——渐逝的"明珠"

"予观夫巴陵胜状，在洞庭一湖。衔远山，吞长江，浩浩汤汤，横无际涯；朝晖夕阴，气象万千；此则岳阳楼之大观也。"这是范仲淹《岳阳楼记》中的名句。岳阳楼的"大观"，是"在洞庭一湖"。可以说，没有洞庭湖，就没有岳阳楼。自古以来，湖泊就是大地上光彩夺目的明珠。

星罗棋布的湖泊，是地球陆地水的组成部分，仅占地球总水量的17‰，其中淡水占9‰，咸水占8‰。湖泊不仅使我们的星球更加璀璨，还是人类生息繁衍的良好环境。湖泊是在地质、地貌、气候、径流等多种因素综合作用下形成的。如构造湖是由于在几千万年前，地壳发生了巨大的断裂运动，有的地方高高隆起，有的地方深深陷凹下去。隆起的地方成为大山脉，陷落下去的部分就成为大裂谷或盆地。某些裂谷地区逐渐蓄上水，就形成

了湖泊。世界上最深的构造湖——贝加尔湖就是断层作用形成的。

湖泊风景秀美，功用巨大，是人类的朋友。湖泊是水资源和水力资源的贮藏地。同时，还能像江河一样提供了灌溉、航运、发电、调节径流、发展旅游之便。盐湖中的盐碱矿物以及硼、锂等稀有元素，对发展化学工业、国防工业都有重要作用。湖泊收获比河流更易进行。湖泊像一个个天然的水库，对河流的水量起着调剂作用。雨季水量增加，湖泊起蓄水作用，将河水拦阻起来，减轻下游洪涝灾害。到了春、冬季节，河流水量减少，湖泊将储存的水放出，使下游既能灌溉农田，又能解决饮水和工业用水的困难。湖泊景色迷人，动静相宜。众多的诗人、作家，无数的笔墨对湖色泉林的赞颂不计其数。尤其是一些世界著名的湖泊，更是皇冠上的明珠。

最深的湖泊及蓄水量最多的淡水湖：贝加尔湖。贝加尔湖是大自然安放在俄罗斯东南部伊尔库茨克州的一颗璀璨的明珠。贝加尔湖是亚欧大陆最大的淡水湖。长 640 千米，平均宽 50 千米，是世界上第七大湖泊和世界上最深的湖泊。它容纳了地球全部淡水（应该指河湖的淡水）的五分之一。相当于北美洲五大湖的总水量。湖上风景秀美、景观奇特，湖内物种丰富，是一座集丰富自然资源于一身的宝库。贝加尔湖的形状像一弯新月，所以又有"月亮湖"之称。

海拔最低，最深最咸的咸水湖：死海。死海是位于西南亚的

著名大咸湖，湖面低于地中海海面392米，是世界最低洼处，因温度高、蒸发强烈、含盐度高，达25％～30％，据称除个别的微生物外，水生植物和鱼类等生物不能生存，故得死海之名。当滚滚洪水流来之期，约旦河及其他溪流中的鱼虾被冲入死海，由于含盐量太高，水中又严重地缺氧，这些鱼虾必死无疑。湖里没有一条活鱼、一根水草，由于咸水比重大，人可以像一根木头似地躺在水面上，不会沉下去。

面积最大的淡水湖群：北美洲五大湖。它们按大小分别为苏必利尔湖、休伦湖、密歇根湖、伊利湖和安大略湖。除密歇根湖以外，其他四个为美国和加拿大共有的。五大湖总面积约245660平方千米，是世界上最大的液态淡水水域。五大湖流域约为766100平方千米，美国占72％，加拿大占28％。南北延伸近1110千米，从苏必利尔湖西端至安大略湖东端长约1400千米。湖水大致从西向东流，注入大西洋。除密歇根湖和休伦湖外水平面相等外，各湖水面高度依次下降。五大湖是始于约100万年前的冰川活动的最终产物。现在的五大湖位于当年被冰川活动反复扩大的河谷中。地面大量的冰也曾将河谷压低。现在的五大湖是更新世后期该地区陆续形成许多湖泊的最后阶段。五大湖水面辽阔，对气候有明显的调节作用。

中国湖泊众多，历来有五湖四海之称。"四海"即是渤海、黄海、东海、南海；"五湖"指的是湖南的洞庭湖、江西的鄱阳湖、江苏的太湖、洪泽湖、安徽的巢湖。自古以来我国就有：

"两湖熟，天下足"的谚语。这里的两湖就是指的湖南省和湖北省。究其原因就是两省得到了洞庭湖的灌溉和水利之便。湖泊除了调剂河流的水量之外，还形成了许多的风景优美，水光山色的游览胜地。如我国的杭州就有"上有天堂，下有苏杭"的美称，吸引着无数的国内外游人。杭州为什么这样美，这样使人神往，就是因为杭州有西湖。"忆江南，最忆是杭州。山寺月中寻桂子，郡亭枕上看潮头，何日更重游？"这是唐代大诗人白居易写的"忆江南"诗中道出他对杭州西湖美景的依恋之情。还有八百里滇池夏季吸收酷暑，冬季释放热量，同时又有大量的水蒸气的扩散，形成了地区性的小气候，使得昆明气候温和湿润，夏无暴热，冬无严寒，一年四季鲜花怒放，芳草长青的"春城"。像镜泊湖、青海湖都对周围地域的气候和生态环境有着重大的影响。

但是，湖泊是非常容易消失的。要使美丽的湖泊长久存在，根本的是保持河流沿岸的土壤不流失。湖泊一旦消失后，几乎不可能再恢复！湖泊形成之后，在自然和人为因素作用下，其湖盆、水质、湖中生物等，会不断进行演变。当湖中泥沙不断积累，植物在其中大量繁衍，以及水量补给减少时，湖泊会产生微妙的变化——沼泽化。如果有人工围垦和湖水遭污染等因素发生，湖泊的生态环境还会受到严重威胁。因此，保护湖泊、保护湖泊生态环境，也应成为人类一项长期任务。

然而，近年来，随着超强度开发与肆意排污，大地"明珠"湖泊风光不再，湖水水质遭到污染，生态系统变得十分脆弱。湖

泊治理工作虽历经多年，效果却尚未显现，根本原因还在于"边污染边治理"的思路没有改变。最近，太湖、巢湖、滇池相继暴发蓝藻，太湖的污染已严重危及无锡群众饮水安全，再次敲响了水环境污染的警钟。

中国科学院南京地理与湖泊研究所专家吴瑞金说，湖泊是重要的湿地类型，更是陆地生态系统的重要组成部分。随着经济的高速发展，在人类活动的强烈干预下，中国湖泊资源受到严重破坏：西部内陆湖泊咸化、干涸，东部湖泊淤积围垦、污染严重。

统计表明，在中国东中部地区，近 50 年来因围垦而减少天然湖泊近 1000 个，围垦湖泊面积相当于中国五大淡水湖面积之和。湖北省上世纪 50 年代共有湖泊 1052 个，有"千湖之省"的美誉，而目前只剩 83 个；昔日的"八百里洞庭"，水面面积缩小四成。湖泊的消亡直接减少了对江河供水调蓄的容积，增加了洪涝灾害的风险，成为心腹之患。西部地区水源缺少，蒸发强烈，加上大量拦截入湖地表水流，一批烟波浩渺的大湖相继消亡，湖水逐渐向盐湖、干盐湖方向发展。除闻名中外的罗布泊外，东、西居延海，艾丁湖等已是一片荒漠。新疆准噶尔盆地西部的玛纳斯湖原面积 577.8 平方千米，近年来，由于不断截流引水灌溉，造成入湖河流无水，湖体及其周围盐沼和草甸完全干涸成盐地与荒漠。中国国家林业局的 1 份最新研究报告显示，大量的围垦和拦截地表水流，正在使诸多湖泊水面急剧缩减，湖区洪水出现频率升高，中国平均每年有 20 个天然湖泊消亡。

中国湖泊的现状不容乐观，近年来，太湖、巢湖、滇池等重点湖泊相继暴发严重蓝藻污染并威胁到居民饮水安全。中国环保部门受到生态环境继续恶化的巨大压力。太湖、巢湖、滇池曾花费巨额污染治理经费，但收效甚微。让我们以蓝藻爆发最为凶猛的太湖为例，看看蓝藻爆发的根源在哪。

太湖为我国第三大淡水湖，位于江苏和浙江两省的交界处，长江三角洲的南部，北临无锡，南濒湖州，西接宜兴，东邻苏州，流域总面积36500平方千米，其中水域面积约为2250平方千米。有耕地2266万亩，人口3400万，城市化水平达49%，人口密度已达每平方千米1000人左右，是世界上人口密度最高的地区之一，城市化水平居全国之首。

打捞太湖蓝藻的村民

太湖流域的快速的城市化进程、乡镇工业的迅猛发展、外来人口的增多等都为太湖水污染埋下隐患。工业污染水、农业污染水和生活污染水源源不断地排入太湖，构成了威胁太湖水安全的最大"人祸"，另外流域内172条河流的水质变化也直接影响到太湖水，还有太湖上的过度养殖也在威胁着太湖的美丽和健康。

2007年5月29日，太湖蓝藻爆发，蓝藻是一种原始而古老的藻类原核生物，常于夏季大量繁殖，腐败死亡后在水面形成一层蓝绿色而有腥臭味的浮沫，称为"水华"。太湖广阔湖区周边的凹槽水湾，水体流动性差且富营养化，为蓝藻多发地带。蓝藻爆发造成无锡市自来水水源地水质恶化，一场突如其来的饮用水危机，几乎席卷了整座城市，城区大量居民家中自来水发臭，难以饮用，居民们做饭、洗漱只能临时去买纯净水、矿泉水替代。

太湖治理举国关注。为此，江苏沿湖地区关闭小化工厂3000多家并新建1000多个农村生活污水生态精华处理设施，这些措施使得太湖蓝藻发生次数和面积减少。但环保人士认为，要切中太湖蓝藻的要害，还须重视农业面源污染。

饱受蓝藻之扰的太湖、巢湖和滇池周边的居民都知道，农业面源污染是造成蓝藻的主要原因之一，而温度升高则是导致蓝藻爆发的重要诱因。中国的化肥施用量是全世界最高的，但其中真正能被农作物吸收的仅三成，也即近七成的化肥随地表径流进入水体，成为蓝藻生长所需的养分。有研究认为，排放入太湖中的氮污染总量的50%，以及磷污染总量的48%，都是由化肥流失

147

引起，而且多数源自太湖西部上游的农田区域。在太湖周边的无锡、常州、苏州等地，单位面积的化肥施用量达到每公顷 500 千克以上，远远超出世界公认的 225 千克/公顷的上限。

因此，有环保人士认为，蓝藻的根本病因，是目前严重依赖化肥和农药的化学农业耕作方式。由于在原材料、能源和运输方面的补贴使得化肥价格过低，更鼓励了农业对于化肥的依赖，从而埋下了蓝藻爆发的病根，最后政府不得不投入过千亿元来进行治理。因此，这就像是孩子的病是因为摄入过多的激素造成，但母亲一边花大价钱做四处投医，一边却继续不断给孩子喂含激素的食品。

要改变这种局面，最迫切的是先断掉激素，让孩子能从自然丰富的不同食物里摄取需要的营养。对付蓝藻，迫切的需要是从根本上扭转我国农业目前对化肥和农药的过度依赖，让庄稼在生态健康的环境中茁壮，让土壤和湖泊等自然环境得以休养生息。生态农业生产方式提倡农业有机物质的高效循环利用，如建设沼气池，将牲畜粪便和秸秆等用于产生沼气、生产有机肥，可以最大限度地减少对人工合成化肥和农药的依赖，同时也可以最大限度地减少污染物的排放。

太湖的蓝藻还没有消失，中国另一大湖泊洞庭湖又出现了鼠患。洞庭湖边的岳阳楼之所以天下闻名，很大程度上是因为宋代文学家范仲淹的名篇《岳阳楼记》。而今天的洞庭湖，则因为爆发鼠患引起全国舆论的关注。

　　2007 年夏，据媒体报道，洞庭湖周边约有 20 亿只东方田鼠正在从洞庭湖滩向大堤转移，东方田鼠在汛期成群迁移时，会对滨湖农田各种作物成片洗劫，甚至造成大面积绝收。紧靠洞庭湖的岳阳、益阳两市采取紧急措施，加强鼠情监测，严防东方田鼠对农作物、人、畜造成更大危害。6 月 20 日，由于三峡开始泄洪，外湖水位上涨，大量东方田鼠开始陆续向大堤迁移。6 月 21～23 日，该地每天通过人工捕杀灭鼠量就达 5～10 吨，仅向东闸码头日捕杀量就达 3 吨多。据统计，从 6 月 21 日开始至今，大通湖区共捕杀 90 多吨老鼠，约 225 万只。

洞庭湖严重鼠患

　　为防鼠灾，岳阳市岳阳县鹿角镇还出台土政策，规定打死一只东方田鼠可以得到 1 角钱的奖励。很多村民是全家上阵打老

鼠，有村民 3 天便上交老鼠尾巴 2700 条。但是，由于老鼠太多，这种土政策效果不大，该镇约 2 万亩农田仍然在老鼠的威胁之下。有人做了这样一个推算，假如一只老鼠一天吃 4 克粮食，20 亿只老鼠一天就可以吃掉粮食 80 万千克。

湖南大学生命科学院邓学建教授认为，造成洞庭湖周边东方田鼠为害的主要原因是生态环境遭受了破坏。他分析，近两年，长沙上游来水减少，洞庭湖湖滩裸露时间加长，给东方田鼠繁殖提供了时间。而据渔民们反映，近两年从 4 月到 6 月，洞庭湖湖滩上随处可见东方田鼠，这些老鼠甚至啃伤或啃光湖滩上杨树株距地面约 30 厘米的树皮。邓学建认为，生态平衡被破坏还表现在东方田鼠的天敌猫头鹰、老鹰等数量急剧减少，特别是湖南人开始大吃口味蛇后，野外蛇的数量急剧下降，失去天敌的东方田鼠大量繁殖，终成祸患。

事实上，洞庭湖是我国最为典型的湿地，被称为"长江之肾"，在维系整个长江的生态体系中发挥着重要的作用。然而，如今它还遭受着严重的污染。据湖南省环保局负责人介绍，目前洞庭湖污染呈现三个方面的态势：一是造纸企业污染严重——岳阳、常德、益阳三市共有造纸厂 234 家，其中环洞庭湖区造纸企业 101 家，湖区 25 家制浆造纸企业中，仅岳阳纸厂和沅江纸厂有碱回收设施，其他有环保设施的造纸企业，由于运行成本高没有运行，均将造纸黑液直排洞庭湖；二是湖区水环境质量堪忧——2005 年，各监测断面水质监测结果均为五类；三是湖区群众

对整治污染要求迫切——湖南省环境污染投诉量每年以 30％的速度递增，洞庭湖区造纸企业污染，已成为老百姓反映最强烈的问题之一。

历史上洞庭湖曾是中国第一大淡水湖。由于现代的围湖造田，以及自然的泥沙淤积，洞庭湖面积由最大时的约 6000 平方千米骤减到 1983 年的 2625 平方千米，中华人民共和国成立后被鄱阳湖超过而成为第二大淡水湖。近年来加强了对湖泊区域的保护，实行退耕还湖。现在天然湖泊面积 2625 平方千米，蓄洪堤垸和单退堤垸高水还湖扩大湖泊面积 1343 平方千米，总共 3968 平方千米。

很难想象，当面对一个面积不断缩小、鼠患频发，工业污染严重的洞庭湖，岳阳楼还能称得上是"巴陵胜状"吗？洞庭湖污染不除，岳阳楼修得再豪华漂亮，都没有意义。

（三）江河——悲泣的"母亲"

我了解河流：

我了解像世界一样古老的河流，

比人类血管中流动的血液更古老的河流。

我的灵魂变得像河流一般深邃。

晨曦中我在幼发拉底河沐浴。

在刚果河畔我盖了一间茅舍，

河水潺潺催我入眠。

我瞰望尼罗河，在河畔建造了金字塔。

当林肯去新奥尔良时，

我听到密西西比河的歌声，

我瞧见它那浑浊的胸膛，

在夕阳下闪耀金光。

我了解河流

古老的黝黑的河流。

我的灵魂变得像河流一般深邃。

——休斯《黑人谈河流》

　　水是生命的源泉，逐水而居是人类的生存本能。河流是人类生存发展的重要支持系统，历史上，人类文明与河流相生相伴，任何一个民族的发展都与河流有关，人类文明前进的每一步，都离不开河流的哺育。河流是地球上水文循环的重要路途，宛如血管中的血液一般流淌在大地上。在地球的各类水体中，滔滔江河总是流动着，载浮载沉，一路滋润、一路养育，然后涌进大海。就是它们，冲开了天地玄黄、宇宙洪荒，冲出了人类文明的新时代。从人类诞生的那一天起，人类就与江河息息相关。江河是哺育人类的母亲，是生命之源、文明之源。从一定意义上说，人类发展的历史，就是一部认识江河、顺应江河和治理开发江河，从而推进文明进步的历史。

　　人类文明的创造、人类文化的发生发展，总是与水有着深远

的渊源。世界公认的古文明发祥地之一的"两河文明",是西南亚的底格里斯河和幼发拉底河流域。中国的文化也是两河文化,就是黄河文化跟长江文化。人类的生活离不开水,"择水而居",是江河成为古文化生长摇篮的根本原因。在《诗经》中,我们可以找到许多先人择水而居的事迹,以及在江河之畔居住下来之后发生的种种故事,如《诗经》的第一首诗所讲述的"关关雎鸠,在河之洲。窈窕淑女,君子好逑"这样富有浪漫气息的爱情生活故事。我们的先人,在横贯东西、南北遥相呼应的两大江河之畔,不断地创造文明、推进文明。这两种文化从诞生之时起,从来没有间断过它们文化的延续和发展。它们以锲而不舍的精神共同创造了人类文化史上的一个奇迹。

黄河流域是我国开发最早的地区。在世界各地大都还处在蒙昧状态的时候,我们勤劳勇敢的祖先就在这块广阔的土地上斩荆棘、辟草莱,劳动生息,创造了灿烂夺目的古代文化。黄河是中华民族的摇篮,中华民族的起源与黄河有着密切的关系。远古时代,黄河流域的自然条件和地理环境非常适宜人类繁衍生息。综观历史,黄河流域已经发现了迄今已知的亚洲北部最古老的直立人,生活在 50 万年以前的旧石器时代早期猿人,距今 10 万～30 万年前的早期智人,早期智人向晚期智人过渡的"河套人"等。为数众多的古人类遗址,由远至近,系统地展现了我国远古人类延续发展的漫长过程,清晰地描绘出了人类进化的轨迹。在人类发展的进程中,黄河流域古人类化石的完整性、系统性,是我国

其他地区所无法比拟的。黄河流域是我国文化的发祥地。几十万年以前，这里就有了人类的踪迹。新石器时代的遗址，遍及黄河两岸、大河上下。进入阶级社会以后，在一个相当长的历史时期内，黄河流域是我国政治、经济、文化的中心，人们亲切地称它为中华民族的摇篮。

　　然而，奔腾的黄河已不再如从前了。黄河属于资源型缺水河流，水资源的过度开发，导致了断流、污染加剧、地下水严重超采、河口生态环境恶化等问题。上中下游不断扩大的供水范围与持续增长的供水要求，使黄河承担的供水任务已超过其承载能力。黄土高原的森林由历史上的 69％降至 6％，成了名副其实的一片黄土。黄土本身土质疏松，没有任何抗冲性，完全依靠地面植被及其根系的保护。植物的水土保持作用，森林为最，草原次之，农作物则几乎为零。几千年来，我们一直在扫平具备保护能力的天然植被，代之以没有保护能力的农作物。千百年来，我们就这样在刀斧和战火中毁灭了黄河中下游的天然植被。可叹伐尽林木营造的无数恢宏殿宇，而今安在？黄土地是深厚的，也是脆弱的。因为它土质疏松，颗粒细腻，植被一经破坏，水土流失就极其严重。很快我们就听到了哀婉的叹息："俟河之清，人寿几何？"

　　20世纪 90 年代，黄河断流愈演愈烈。年倾泻 16 亿吨泥沙 90％来自黄土高原。每年倾泻 16 亿吨泥沙，90％来自黄土高原这些沟壑。每年流失的 16 亿吨泥土，绝不仅仅是把一条河染成

触目惊心的黄色。它随水而下，淤塞了湖泊，冲决了丘陵，抬高了河床，涤荡了平原。"三年两决口，百年一次大改道"，母亲河终于成了"中华之忧患"。与黄河水患的搏斗，成了中原大地上生死存亡的头等大事。

工厂每天排放大量带绿色或白色的污水，刺鼻的化工污水流入黄河

除了流量减少带来的断流，黄河面临更大的问题是日趋严重的黄河水污染。流域面积占全国总面积三分之一的三条大江——长江、黄河、珠江——都在遭受严重的水污染问题，而黄河也是这三条大江中污染最严重的一条。黄河是中国第二长河，世界上含沙量最高的河流。黄河流域能源工业发达，原煤产量占全国产量的半数以上，石油产量约占全国的1/4。黄河中游水土流失严重，是黄河洪水泥沙的主要来源。目前近四分之一的黄河已经是

连农业灌溉和景观用水都不能使用的劣五类水。

水污染破坏了黄河生态系统，使黄河河道中近 1/3 的水生物绝迹。据黄河水资源保护研究所专家介绍，黄河许多支流在五六十年代水清鱼跃，目前却是全河皆污、臭气熏天，鱼虾绝迹。洛河的鲤鱼和伊河的鲂鱼自古有"洛鲤伊鲂贵似牛羊"之誉，令人遗憾的是，这两个名贵鱼种因水污染而绝迹。20 世纪 70 年代，渭河下游水草丰美，许多农民以打鱼为业，可如今渭河中只剩下一种俗称"蛤鱼"的鱼，且有浓重煤油味，不能食用。黄河担负着沿黄地区 50 余座大、中城市和 420 个县的城镇居民生活供水任务，黄河污染给城镇居民供水安全带来巨大威胁。2003 年，黄河发生有实测记录以来最严重的污染，三门峡水库蓄水变成"一库污水"，国家紧急启动的第 7 次引黄济津被迫停止。1999 年，黄河龙门以下河段发生严重污染，下游沿黄一些城市引黄供水一度停止近一个月。位于黄河边的河南省三门峡市，许多居民觉得经市自来水厂净化处理的黄河水有异味，索性常年花钱买井水、泉水吃，出现"守着黄河买水吃"的怪事。

2004 年 6 月，包头市遭遇新中国成立以来最大一次黄河水源污染。如果沿黄河岸边向下走就会发现，从三圣公闸到乌梁素海总排干，仅仅流了短短 300 千米，黄河就发生了很大的变化，水质从三类水变成了最差的劣五类水，活鱼变成了死鱼。这是为什么呢？要说清楚这个问题，还要从黄河流域最大的淡水湖——乌梁素海说起，过去它被称为塞外明珠，但现在当地老百姓却给它

黄河污染水体

起了一个很难听的外号，叫河套地区的"尿盆子"。原因是乌梁素海的地势较低，几乎整个河套地区都把工业废水和生活污水排到了这里，成了一个大污水池。当地环保局统计，通过乌梁素海向黄河排放的污水一年就达7500万立方米，是黄河内蒙古段最大的一个排污口。而乌梁素海的这些污水，汇入黄河之后，往下游100多千米，就来到了内蒙古最大的城市——包头。包头共有200多万人口，城市90%的用水都是靠黄河水，可以想象，它上游那个装满了污水的乌梁素海，不仅是一个尿盆子，更是一颗悬在包头头上的定时炸弹。2004年6月26日，这颗定时炸弹就曾经被引爆了，由于乌梁素海总排干排入黄河的水污染超标严重，对黄河造成了新中国成立以来最大的一次污染事故。包头市供水总公司被迫停止从黄河取水103小时，造成直接经济损失1.39亿元。这次黄河水污染事故使80%黄河野生鱼类死亡，虾类基本全部死亡。大量鱼虾的死亡固然令人痛心，但更大的危机是包头

157

200 万市民的饮水将从哪里来？

黄河是中国江河污染的一个缩影。关注中国江河问题的民间环保组织，北京"绿家园志愿者"制定了一项旨在关注和监督中国西部水电开发的长达十年的行动计划，从 2006 年起每年组织 10~20 左右记者、专家，到四川、云南的江河沿岸进行考察，将连续跟踪十年，用电视、广播、报纸、网络等多种媒体形式记录下它们的变化。指出人们还没有意识到，中国不仅有水质、水污染的危机，还可能出现水源的危机。随着中国西部水电大开发的步伐加快，中国江河的巨变可能会出乎世人的想象：

过去的十年，中国的江河污染问题已经十分的严重；未来的十年，中国江河的巨变可能会出乎世人想象。

当然，江河污染目前来说是一个世界性问题，随着人口增加、工业发展，越来越多的国家陷入江河污染的困境。印度恒河就是其中一例。

在印度教徒心中，恒河是永恒的圣河，而饮用恒河水则是人生四大乐趣之一。但如今这条最圣洁的河流已被列入世界污染最严重的河流之列。根据印度教的传说，恒河是印度的"圣母"，恒河水更被印度教徒视为圣水，成为祭祀活动中必不可少之物。每天都有成千上万的印度教徒在恒河中朝拜、沐浴。

越靠近岸边水越浑浊，河底到处是树叶、纸张等垃圾。虽然天气还没有热起来，但仍然可以闻到水中散发出的腥味。距离著名的恒河浴场不远就有一个焚化场，站在河边就可以闻到河风吹

来的浓重烟味，看到空气中飘浮的灰烬。很多虔诚的印度教徒正在河中沐浴，母亲用河水为年幼的孩子洗脸，大一点的孩子则在浑浊的河水中欢快地游泳。

恒河水的浑浊程度在阿拉哈巴德体会更深。这里是耶姆纳河与恒河的交汇处，宽阔的河面上，一侧的恒河水浑黄污浊，漂浮着很多泡沫和各种垃圾，而另一侧的耶姆纳河则清澈见底。流入恒河的污水中有 80％是两岸居民的生活废水，15％是工业废水。由于缺乏限制工业废水排放的法令，很多工厂只需交纳低廉的保证金就可以将废水直接排入恒河。含有盐酸及贡、铅等重金属的废水严重污染了水质，使两岸居民的生活用水受到影响。

恒河岸边有 29 个大城市，70 个城镇和数以千计的村庄，这里 3 亿多居民的生活废水全部排入恒河，每天达 13 万立方米，某些河段水中的大肠杆菌含量超标 280 倍以上。根据估算，恒河两岸的人口数量将在 2020 年达到 10 亿，到那时每天向恒河排放的污水将达 25 万立方米。人口在不断增加，但污水处理设施却没有得到改善。居民因饮用恒河水而引发霍乱、肝炎、伤寒等疾病的事时有发生。

全世界的江河都不同程度地受到现代文明的污染。奔腾不息的江河在携带泥沙的同时，还要默默无言地忍受她的儿女们对其有意或无意的污染。人类在损害母亲河的同时，也损害着自己的健康，威胁着长期建立的文明。

谁不爱自己的母亲？然而母亲河却屡遭儿女们在自己的身体

上蹂躏和肆无忌惮地发泄。母亲河的污染已到了令人难以容忍的地步。母亲河在哭泣！

"沧浪之水清兮，可以濯吾缨；

沧浪之水浊兮，可以濯吾足。"

如今，沧浪之水已不可濯。

（四）大海——失落的"摇篮"

再见了，奔放不羁的元素！

你碧蓝的波浪在我面前

最后一次地翻腾起伏，

你的高傲的美闪闪耀眼。

像是友人的哀伤的怨诉，

像是他分手时的声声召唤，

你忧郁的喧响，你的急呼，

最后一次在我耳边回旋。

我的心灵所向往的地方！

多少次在你的岸边漫步，

我独自静静地沉思，彷徨，

为夙愿难偿而满怀愁苦！

我多么爱你的余音缭绕，

那低沉的音调，深渊之声，

还有你黄昏时分的寂寥，

和你那变幻莫测的激情。

——普希金《致大海》

自鸿蒙初开，大海就是生命的摇篮。大约在 46 亿年前，地球开始形成。地壳经过冷却定形之后，地球就像个久放而风干了的苹果，表面皱纹密布，凹凸不平。高山、平原、河床、海盆，各种地形一应俱全。在很长的一个时期内，天空中水汽与大气共存于一体；浓云密布。天昏地暗，随着地壳逐渐冷却，大气的温度也慢慢地降低，水汽以尘埃与火山灰为凝结核，变成水滴，越积越多。由于冷却不均，空气对流剧烈，形成雷电狂风，暴雨浊流，雨越下越大，一直下了很久很久。滔滔的洪水，通过千川万壑，汇集成巨大的水体，这就是原始的海洋。

原始的海洋，海水不是咸的，而是带酸性、又是缺氧的。水分不断蒸发，反复地形云致雨，重又落回地面，把陆地和海底岩石中的盐分溶解，不断地汇集于海水中。经过亿万年的积累融合，才变成了大体均匀的咸水。同时，由于大气中当时没有氧气，也没有臭氧层，紫外线可以直达地面，靠海水的保护，生物首先在海洋里诞生。大约在 38 亿年前，在海洋里产生了有机物，先有低等的单细胞生物。在 6 亿年前的古生代，有了海藻类，在阳光下进行光合作用，产生了氧气，慢慢积累的结果，形成了臭氧层。此时，生物才开始登上陆地。

总之，经过水量和盐分的逐渐增加，及地质历史上的沧桑巨

变，原始海洋逐渐演变成今天的海洋。大海是生命的摇篮。大海以其广阔的胸襟包容着万事万物，分解，转化各种有害气体，污水，是大自然最有效的清新剂，去污器。

大海激发了作家的创作热情，也把人们带进海阔天空的幻想中。海洋同样是养育人类的母亲。但是随着现代工业的发展，海洋的污染越来越严重。日本作家水上勉在他的长篇小说《海的牙齿》中，抨击了由于海水污染，毒害了鱼贝、由鱼贝又祸及人类的事实，大海就像长着许多无形的牙齿，裂开嘴向人类扑了过来。作家在作品中高呼："还我大海！"

污水、废渣、废油和化学物质源源不断地流入大海。在许多海域，倾倒混有石油的污水是非法的，但这种事仍时有发生，而真正的石油灾难是在巨型油轮泄漏或沉没时发生的。如今我们设法用化学品使水中石油沉淀以达到清除石油的目的。向海洋倾倒化学和放射性废物的作法已持续多年。容器总有一天会腐蚀掉，有害物质便将进入海水中。我们对深层水与表层水的循环情况还了解不多，其过程或许比我们以前所想的要快。因此有害物质就会扩散到生物活动的水层中去。

许多人认为，湖泊江河的治理是必要的，因为它们与人类息息相关。海洋则完全具备自己清洁能力，完全没必要担心大海污染。然而，人类还来不及认识海洋治理的重要性，大自然的报复就来了。

中国国家海洋局的公报显示，近年来，中国全海域海水水质

海洋污染应该引起高度重视

污染加剧，近岸海域部分贝类受到污染，陆源污染物排海严重，大面积和有毒赤潮多发，近岸海域海洋生态系统恶化的趋势尚未得到缓解。中国近岸局部海域沉积物污染严重；近岸海域部分贝类受到污染；大面积赤潮和有毒赤潮多发，陆源污染物排海严重是海洋环境污染的主要原因。一项对沿海工业污水直排口等四大类43个排污口进行的重点监测显示，受陆源排污影响，约八成入海排污口邻近海域环境污染严重，约20平方千米的监测海域为无底栖生物区。中国近岸海域海洋生态系统脆弱、生态环境继续恶化的趋势尚未得到缓解。由于陆源污染物排海、围填海侵占海洋生态环境及生物资源过度开发，莱州湾、黄河口、长江口、杭州湾及珠江口生态系统均处于不健康状态。

2007年深圳西部海域出现了大面积的赤潮，污染海域达到了50平方千米，这是深圳近年爆发的最大一次赤潮，发生赤潮区域的海水都呈现深浅不一的暗红色，海水表面的浮游生物也明显增

2006年我国八成以上入海排污口超标排放污染物

多，散发出腥臭的气味。检测结果显示，这次赤潮是由名为红海束毛藻类水生物引起的，主要是海水富营养化和天气持续高温导致的，与此同时，香港海域爆发的赤潮也在不断扩大。由于爆发的赤潮产生毒性的可能性非常的大，有关部门提醒市民不要吃从赤潮海水当中打捞上来的海产品，更不能下海游泳以防中毒。专家也指出，一系列的水污染事件表明，我们身边的环境正在不断恶化。

　　"赤潮"，被喻为"红色幽灵"，国际上也称其为"有害藻华"，赤潮又称红潮，是海洋生态系统中的一种异常现象。它是由海藻家族中的赤潮藻在特定环境条件下爆发性地增殖造成的。海藻是一个庞大的家族，除了一些大型海藻外，很多都是非常微小的植物，有的是单细胞植物。因赤潮生物种类和数量的不同，海水可呈现红、黄、绿等不同颜色。

赤潮是在特定环境条件下产生的，相关因素很多，但其中一个极其重要的因素是海洋污染。大量含有各种有机物的废污水排入海水中，促使海水富营养化，这是赤潮藻类能够大量繁殖的重要物质基础，国内外大量研究表明，海洋浮游藻是引发赤潮的主要生物，在全世界 4000 多种海洋浮游藻中有 260 多种能形成赤潮，其中有 70 多种能产生毒素。他们分泌的毒素有些可直接导致海洋生物大量死亡，有些甚至可以通过食物链传递，造成人类食物中毒。

目前，世界上已有 30 多个国家和地区不同程度地受到过赤潮的危害，日本是受害最严重的国家之一。近十几年来，由于海洋污染日益加剧，我国赤潮灾害也有加重的趋势，由分散的少数海域，发展到成片海域，一些重要的养殖基地受害尤重。

赤潮能极大地破坏海洋渔业和水产资源。可破坏渔场的饵料基础，造成渔业减产。赤潮生物的异常发制繁殖，还会可引起鱼、虾、贝等经济生物瓣机械堵塞，造成这些生物窒息而死。赤潮后期，赤潮生物大量死亡，在细菌分解作用下，可造成环境严重缺氧或者产生硫化氢等有害物质，使海洋生物缺氧或中毒死亡。有些赤潮的体内或代谢产物中含有生物毒素，能直接毒死鱼、虾、贝类等生物。

有些赤潮生物分泌赤潮毒素，当鱼、贝类处于有毒赤潮区域内，摄食这些有毒生物，虽不能被毒死，但生物毒素可在体内积累，其含量大大超过食用时人体可接受的水平。这些鱼虾、贝类

如果不慎被人食用，就引起人体中毒，严重时可导致死亡。据统计，全世界因赤潮毒素的贝类中毒事件约 300 多起，死亡 300 多人。

2002 年 11 月 19 日早上，距离西班牙西北部著名旅游胜地和渔业区——加利西亚海岸 120 公里附近的海域里，随着一声巨响，红褐色的庞然大物——属于希腊公司、悬挂巴拿马国旗的"威望"号油轮沿前后方向断裂成两半。缓缓地，装有 6 个油箱的船后部，连同油箱里满载的重燃料油沉入了 3600 米深的大西洋底。随后，船的前部也徐徐向下翻转，沉入水底。

在污染最严重的海域，泄漏的燃油有 38.1 厘米厚，一眼看去海面上一片黑。厚重的油污也染黑了在海上觅食的鸟类身体，令它们无法动弹，许多动物都已经奄奄一息，甚至死亡。

污染的持续危害也极为巨大。英国皇家鸟类保护协会的莎朗·汤普森博士说，存活下来的贝类动物会停止发育，不能够繁衍后代；看起来健康的蚌类动物也不能够供认食用，因为它们吸收了有毒物质。而像塘鹅一样在西班牙过冬的鸟类很可能因为捕食有毒的鱼而死亡。

对当地渔民来说，他们的生活已经被破坏殆尽。目前加利西亚海岸沿线的捕鱼活动已经无限期暂停，这意味着当地绝大多数居民将完全失业。同时，污染可能会导致这个原来海鲜买卖兴隆的地区生意一落千丈。尽管近乎绝望，渔民们还是在尽力挽救他们赖以生存的大海。在受污染最严重的地区，一群渔夫和他们默

默抹眼泪的妻子用铲子铲起发臭的块状石油污染物。污染物的下面，就是他们平时捕捞的贝类动物的鱼窝。

自上个世纪五十年代以来，随着各国社会生产力和科学技术的迅猛发展，海洋受到了来自各方面不同程度的污染和破坏，日益严重的污染给生态环境带来了极为不利的后果，这一问题引起了有关国际组织及各国的政府的极大关注。为防止、控制和减少污染，在一些国家和国际组织的努力下，国际社会先后制定了一系列公约，它们对防止、控制和减少污染起到了积极的作用。虽然，沿海各国政府及国际组织，针对本国实际情况制订了相应的法律，国际社会也针对世界海洋污染制订了一系列的国际公约，但是，海洋环境污染的形势还是非常严重。造成污染的原因是多种多样的，如，空气污染、噪音污染、淡水污染等。更有甚者，海洋中出现了被称为"第七大洲"的"垃圾洲"，令人触目惊心。

2008 年 4 月，据法国媒体报道，在夏威夷海岸与北美洲海岸之间出现了一块由漂浮的垃圾聚集而成的"太平洋大板块"，这块可被称为世界"第七大洲"的"垃圾洲"由 350 万吨塑料垃圾聚集而成，面积达 343 万平方千米，超过了欧洲大陆总面积的 1/3。

"第七大洲"的形成不是一个新问题。10 年来，人们一直怀疑夏威夷海岸与北美洲海岸之间区域存在一个巨大的塑料集中地，绿色和平组织曾多次发出警报，但人们却无视问题的严重性。如果将这个"第七大洲"和我国的省份面积进行比较的话，

167

那么它几乎相当于西藏、新疆、四川和宁夏四省面积的总和。尽管人们现在还无法在这个巨大的"垃圾大陆"上行走，但海水的旋转运动正让它越来越密实。据报道称从1997年至今，这一垃圾板块的面积已经增加了2倍；而从现在起到2030年，这一板块的面积还可能增加9倍。

同时，美国科学家的一项研究从另一个角度揭示了人类对海洋的影响。2008年2月，美国国家生态学分析与综合研究中心的哈朋博士领导了一个由来自16个研究机构的19名科学家组成的国际研究小组对世界海洋进行了为期4年的研究，绘制出首张"人类对海洋生态系统影响全球图"，并将这一结果发表在《科学》杂志上。

研究者把海洋分割成以1平方千米为单位的区域进行研究计算，结果发现，在占地球表面70％的海洋中，41％被人类的捕鱼、化学垃圾排放、污染、海运等17种活动严重破坏，侥幸未受人类活动侵害的海洋只占不到4％。而且据研究者说，这个结论还相当保守。

"海洋很宽广，和多数人的看法一样，我曾经以为地球上还有很多海洋是人类从未或者极少造访过的。"哈朋说，"但是当你看到这张地图，你会发现大片大片的海洋被各种各样的人类活动所影响。看到这份地图我非常震惊。"

据专家介绍，较之于地面污染，海洋污染更有着自身"先天"的特点。主要表现在：污染源广、持续性强、扩散范围广和

168

防治难危害大这几个方面。

人类在海洋、陆地或其他地方的活动产生的污染物都会通过江河径流、大气扩散和雨雪等降水形式最终都将汇入海洋；但作为地球上地势最低的区域，海洋却并不能像江河一样能通过暴雨和汛期将污染物转移或消除，一旦污染物进入海洋后就很难转移；并且，作为地球上面积最大的连通水域，海洋污染有很长的积累过程，在初期不易及时发现，而形成后又难以治理，这些污染对人类和其他生物危害更难以彻底清除。

海洋污染所造成的直接后果就是海水的混浊，这将严重影响海洋植物，如浮游植物和海藻的光合作用。此外，浮游生物的大量死亡也将使海洋吸收二氧化碳降低，在一定程度上也会加速温室效应。

而另一种更为严重的危害是由直接排入海中的工业废水和生活废水造成的，当这些富含有机物的污水进入海水并达到一定程度的积累后，在一定的条件下极易发生某一种或某几种浮游生物的爆发性繁殖或高度聚集，从而引起海水变色，最终形成影响和危害其他海洋生物正常生存的灾害性海洋生态异常现象。这就是我们平常所说的赤潮。它将直接导致海洋生物的大量死亡，有些赤潮生物体内或代谢产物中还含有大量的生物毒素，能直接毒死鱼、虾、贝类等生物。

而比上述的垃圾更可怕的是被称为"塑料沙子"的塑料分解物。由于我们使用的大多数塑料制品并不能在自然环境中直接降

解，如果不加干预其平均寿命会超过 500 年。随着时间的推移，它们会分解成越来越小的碎块，而分子结构却没有任何改变。这些"塑料沙子"表面上看起来与海洋动物的食物极为相似，一旦被吞食将无法消化、难以排泄，最终将导致鱼类和海鸟因营养不良而死亡。另外，这些塑料颗粒还能像海绵一样吸附高于正常含量数百万倍的毒素，其连锁反应可通过食物链扩大并传至人类。

专门研究海洋垃圾的美国 Algalita 海洋研究中心研究总监埃里克森表示，塑胶垃圾会像海绵般吸收碳氢化合物及杀虫剂等人造化学毒素，再辗转进入动物体内。也许现在出现在我们餐桌上的各色大鱼大虾正是我们投入海中的那些废弃物的另一种表现形式。

长期深居内陆的人们对海洋也许并没有太多的印象，在他们的头脑里大海总是那样的蔚蓝、宽广，银白的沙滩、婆娑的椰树、清凉的海风，美丽的大海总是那样的如诗如画。但正在形成的"第七大洲"，以及各种各样的海洋污染可能要将这一切美好彻底击碎。而造成这一切的直接"元凶"则正是我们人类自己。

作为生命的摇篮、未来的粮仓、丰富的宝藏，自古以来，人类与海洋的关系，经历了由惧海到颂海，又到斗海和探海，最后到亲海的过程。由惧海到斗海、乐海，表现了人类的勇气和自信；由惧海到探海，揭示了人类征服海洋的决心和能力；由斗海到亲海，则反映了人类一种全新的宇宙观。海洋不可避免地要成为人类新的生存空间，"亲和"是我们对待自己生存环境的唯一选择。

六、守护我们的家园

地球已经伤痕累累，它却承载着我们默默运转。

人类从地球身上已得到了很多很多，但我们还是那么贪得无厌。地球难道只能默默地奉献？虽然它不需要回报，但它却需要呵护。

地球已经严重超载，人类却仍一如既往地增加它的负担。我们需要反思，需要重新考量自己。

听一听吧！地球在默默地哭泣。它不需要安慰，但却需要人类实实在在的行动来保护。

我们能为地球做点什么？我们应该为地球做点什么？为了地球，也为了我们人类自己。

（一）人类和地球陷入困境

翻开近 200 年世界人口增长的历史，人口增长之快，不能不令人感到惊讶。

1800 年，世界人口约为 10 亿，这是人类用两三百万年的时间，进化、繁衍的结果。1940 年，世界人口翻了一番，为 20 亿，时间用了 140 年。1960 年，世界人口为 30 亿，增加 10 亿人，用了 20 年的时间。1974 年，世界人口为 40 亿，增加 10 亿人用了 14 年的时间，之后每增加 10 亿人的时间减少 1 年，到 1999 年，世界人口已达到 60 亿。目前，世界人口已达到 66 亿。

根据预测，到 2013 年，世界人口将达到 70 亿，2028 年将达到 80 亿，2054 年将达到 90 亿。

人口的急剧增长将带来 系列问题。

首先是粮食短缺。从 1950 年到 1984 年，由于农业科技的发展和土地开垦，世界粮食的增长曾经远远超过了人口的增长速度，此后，粮食的增长便落后于人口的增长，世界面临着粮食危机。世界粮食产量已多年停留在 20 亿～21 亿吨左右徘徊，世界粮食库存自 1986 年以来，由可供世界人口消费 130 多天下降到只够消费 50 多天。2008 年发生的世界范围的粮食危机，涉及世界 66 亿人口的一半以上，即 30 多亿人口，有 20 多个粮食主产国和 30 多个缺粮国均受到了不同程度的影响，有 21 个粮食出口

国采取了限制粮食出口的措施，有 12 个严重缺粮国引发了社会骚乱。肯尼亚被迫宣布粮食危机为国家灾难，全国进入紧急状态。目前，世界约有 8 亿多人处于贫困和饥饿状态。

与粮食增减密切相关的，是耕地问题。当上世纪中叶，世界耕地增加了 19% 时，而世界人口却增长了 132%。许多国家面临着粮食不能自给自足的危机。例如，人口增长较快的巴基斯坦、尼日利亚、埃塞俄比亚等国家，在人口增长的同时，人均耕地面积减少了 40%～50%。根据预测，到 2050 年，这些国家的耕地将进一步减少 60%～70%，实际情况将是，人均耕地面积仅为 300～600 平方米。如此少的人均耕地面积，怎能养活一个人的生存。

土地是人类赖以生存的物质基础，在人类的食物来源中，来自耕地上的农作物占 88%，草原和牧区提供了人类食物的 10%，海洋提供了 2%。目前，全球适于人类耕种的土地约 1.37×10^9 公顷，人均约 0.26 公顷。但由于非农用地的增加、土地荒漠化、水土流失、土壤污染等原因，导致人口增加与土地资源减少的矛盾越来越突出，人口增长对土地的压力越来越大。目前全球大约有 5 亿人口处于超土地承载力的状态下。

人口的增加，还带来了能源短缺甚至能源危机。随着社会经济的快速发展，人类对能源的需求量越来越大。据统计，1850～1950 年的 100 年间，世界能源消耗年均增长率为 2%。而 20 世纪 60 年代以后，发达国家能源消耗年均增长率为 4%～10%。现

在能源危机已成为一个世界性的问题。据估计，全球石油储藏量的总数约为 7010 亿桶，而石油的消耗量是巨大的，例如沙特阿拉伯每年出产石油可达 300 亿桶。可以说，世界有丰富的石油资源，但石油总有一天会穷尽。

为了满足人口和经济增长对能源的需求，人们除了使用矿物燃料外，还利用木材、秸秆等作为能源。在发展中国家，燃料有 90％来自森林，因此，对森林资源的破坏日益严重。

人口的增长带来的不仅仅是环境压力问题，而是多方面的，例如城市交通拥挤、居住紧张、就业压力增大等等。

地球不仅伤痕累累，它同时还背着沉重的包袱在运转，66 亿人口，已将地球压得喘不过气来。人类已站在进一步向前发展的十字路口。

当我们回顾 200 年来世界人口的增长时，让我们再看一看地球生物的灭绝情况。

1800 年，正是工业革命开始的阶段，与此同时，地球也进入了一个大规模物种灭绝的时代。有人把这一次地球生物的灭绝，称之为第六次物种灭绝。

与之相比较，前五次的物种灭绝属于自然灭绝。

第一次，发生在距今 4.4 亿年前，约有 85％的物种灭绝。

第二次，发生在距今约 3.65 亿年前，主要是大量海洋生物灭绝。

第三次，发生在距今约 2.5 亿年前，约有 96％的物种灭绝。

第四次，发生在距今 1.85 亿年前，约有 80% 的爬行动物灭绝。

第五次，发生在 6500 万年前，统治地球长达 1.6 亿年的恐龙灭绝。

对比地质历史时期的五次物种灭绝，近 200 年来物种的灭绝速度，提高了 100 至 1000 倍。

有人预测，如果按照现在每小时有 3 个物种灭绝的速度，同样到 2050 年，地球上将有 1/4 到的物种将会灭绝或濒临灭绝。这绝非危言耸听。

许多人都知道，近两千年来，约有 110 多种兽类和 130 多种鸟类灭绝了，其中 1/3 的物种，是在 19 世纪以前灭绝的，另 1/3 是 19 世纪期间灭绝的，还有 1/3 是在最近 50 年中灭绝的。十几年前，地球上平均每 4 天就有一种动物灭绝，而现在，每 4 小时就有一种动物灭绝。

举两个典型例子。地球上最后一只旅鸽于 1914 年在美国辛辛那提动物园中死去。然而，在一百多年前，北美大陆还生活着大约 50 亿只旅鸽。有一个俱乐部组织成员进行捕鸟比赛，一周内捕杀 5 万只旅鸽，有人一天可捕杀 5 百只。有鸟类学家曾预言，旅鸽是不会被人类灭绝的。给旅鸽带来灭顶之灾的，是人类对美食的欲望。

2006 年，一个由包括我国科学家在内的 6 国科学家组成的联合调查组，在长江进行了为期 38 天的寻找白鳍豚行动。他们运

用先进的监测仪器和分析方法，在长江的宜昌至上海段，进行了长达 3000 多千米的来回大规模考察，始终没有发现白鳍豚的踪影。最后，科学家们遗憾的宣布，白鳍豚可能已经灭绝。一种讨人喜欢的鲸类动物，就在我们的眼前消失。

面对人口的急剧增长和日益严重的环境恶化与物种灭绝，一些世界组织和媒体不断发出警告。

联合国环境规划署已经发布第四版的《全球环境展望》报告。报告的结论是，自 1987 年以来的 20 年间，人类消耗地球资源的速度已经将人类的生存环境置于岌岌可危的境地。报告分别对大气、土地、水和生物多样性进行评估，并在评估的基础上对各地区以及全球环境进行分析和预测。报告指出，环境变化的威胁是目前最迫在眉睫的问题之一，人类社会必须在本世纪中叶之前大幅度减少温室气体的排放。因为温室效应已对整个地球环境造成极大威胁。报告指出，由于全球人口的膨胀，地球的生态承载力已经超支三分之一。例如人类对农田灌溉已经消耗了 70％ 的可用水。预计到 2025 年前，发展中国家的淡水使用量还将增长 50％，发达国家将增长 18％。水危机正制约着许多国家和地区经济的正常发展，同时也对一些野生动物的生存构成威胁。

德国《明镜》周刊的文章标题极为醒目："大规模死亡"，文章引用一位生物学家的话说："也许有一天回首往事时，我们会这样认为，所有这些物种的消失是比 20 世纪发生的两次世界大战都严重的事情。"文章指出，毫无疑问，在新千年的第一个百

年，物种大规模死亡对地球生存是个威胁，众多物种在如此短的时间内从地球上消失，这在过去几乎是没有过的。物种灭绝的速度，远远超过了它们原来在自然进化过程中灭亡的速度。

当大量物种以前所未有的速度加快灭绝时，人类自身就安全了吗？有一系列证据表明，严重的环境污染，不仅对人类健康构成威胁，同时也威胁着人类的繁殖功能。

依靠受精作用繁衍后代的生物，无一例外的需要足够的精子数量。当受精作用进行时，需要大量的精子参与其中，没有足够的精子数量作基础，受精作用就难以完成。

研究人类生殖生育问题的专家发现，全球性人类精子数量和质量都在不断下降，而且下降速度非常快。丹麦的科学家分析了1938～1990年全球21个国家近1.5万人的精液，发现精子数目在50年中降低了40%以上。其中，精液量减少了20%，精子密度则从1940年的1.13亿/毫升减少到1990年的6600万/毫升。2003年，在世界卫生组织召开的"环境对生殖影响的国际研讨会"上，科学家们再次郑重发出警告：全球人类精子质量正在不断下降——精液的精子密度由1.13亿/毫升下降到0.5亿/毫升，下降了62%。

我国的研究和这些情况也十分相似。在对1981～1996年间39个市县共11726人的精子进行分析后发现，我国男子的精液质量正以每年1%的速度下降，降幅达40%以上。中国男性每毫升精液所含精子数量从30年前的1亿个左右，已降至目前的2000

万～4000万个。从向上海精子库提供精子的大学生的精液质量看，相当大一部分精液质量根本达不到要求，不但精子数量少，而且精子活力也不够。

面对精子质量不断下降的情况，对精子质量的要求标准也在改变。上世纪六七十年代对精子质量合格的要求是，计数要大于6000万/毫升才算正常，到80年代已将标准降为4000万/毫升为正常，现在，世界卫生组织又将标准降到了2000万/毫升。

从全球范围看，人类的精子平均计数已降低40%～50%，但精子数量的减少并不意味着质量的提高。精子质量也同样在下降，精子异常的情况，如形态畸形、运动能力差的精子等进一步增多。在临床上，少精症和无精症患者数量也逐年增加。

人类精子退化的现象已引起科学家们的高度关注，尽管在精子数量为几百万/毫升时也能够完成受精作用，但是，人类整体精子数量的急剧减少，毕竟是影响人类生殖的大事。

是什么原因导致人类精子数量和质量的下降？祸首首推环境污染。其中化学因素，如重金属元素铅，就对人的精子形成有很大影响。铅对男性生殖力的影响是多方面的，如可直接作用于睾丸，影响男性的生殖功能，也可以直接导致精子数量减少、形态和活力下降。环境中的许多有毒物质，都会对男性生殖系统产生毒害作用，如苯和乙醇等工业原料、杀虫剂等药物，都会对精子生成产生影响，从而导致精子质量下降。吸烟和过量饮酒，吸毒，不良的生活习惯等，都能影响精子质量。

2006 年，美国上映了一部科幻片《人类之子》，影片描述了人类在 2026 年时遇到的困境：在地球上已繁衍生息了百万年的人类，不知什么原因丧失了生育能力，已经整整 18 年没有一个新生儿出世。同时人类作为高级生物所特有的创造能力也几尽丧失，从而导致了社会停滞不前，整个人类社会由此陷入恐慌和混乱。《人类之子》虽然是一种电影炒作，但它反映了人们对自身生殖能力下降的担心，而这种担心并非杞人忧天。

（二）努力缩小"生态足迹"

地球的自然资源，是人类赖以生存和发展的物质基础。一个国家、一个地区，对自然资源的利用和破坏情况如何，仅仅用文字描述是难以提供准确的科学依据的。为了科学的评估人类活动对环境资源承载力的影响，科学家提出了用"生态足迹"的方法，来进行评价。

"生态足迹"也称"生态占用"，它是指维持某一地区人口的现有生活水平，所需要的一定面积的可生产土地和水域。例如一个人对粮食的消费量，可以转换为生产这些粮食所需要的耕地面积；他所排放的二氧化碳的量，可以转换为吸收这些二氧化碳所需要的森林、草地或农田的面积。因此，这种表示方式可以形象地理解为一只负载着人类的大脚，踏在地球上时留下的脚印。

任何自然生态系统中，资源的数量总是有限的，因此，任何生态系统只能承受一定数量的生物，包括人在内，否则将导致整个生态系统的破坏。通过生态足迹的计算，我们可以知道某一地区、某一城市甚至某一国家，为了维持目前的生活水平，所需要的可生产土地和水域的面积。它的值越高，表示人类对生态环境的破坏越重。

地球上的每个人都会留有生态足迹，也就是说消耗一定量的自然资源并产生废物。根据计算，目前我们的消耗已经超出地球的生物承载力，因此我们需要1.2个地球。如果所有国家都以发达国家消耗模式为样本来消耗资源，我们将需要三个地球！

例如，通过分析计算知道，我国合肥市生态足迹近年呈上升趋势，并且大大高于当地的生态承载力，人均生态赤字由2000年的1.7041公顷/人增长到2004年的2.10108公顷/人。2004年，山东省人均生态足迹为8.904公顷，人均生态承载力为0.424公顷，人均生态赤字为8.480公顷。

生态学家曾对世界上52个国家和地区1997年的生态足迹进行了研究计算，全球平均人均生态足迹为2.8公顷，全球人均生态赤字为0.8公顷。在这52个国家和地区中，有35个国家和地区存在生态赤字，只有12个国家和地区的人均生态足迹低于全球人均生态承载力。

1997年，我国的人均生态足迹为1.2公顷，人均生态承载力仅为0.8公顷，人均生态赤字为0.4公顷。

为了使各个国家对自然资源的占用情况"有账可查"，2004

年，世界自然基金会（WWF）发布了《2004 地球生态报告》，在这个报告中用"生态足迹"这一指标，列出了一份"大脚名单"。在这份名单上，阿联酋以其高水平的物质生活和石油开采居于榜首，人均生态足迹达 9.9 公顷，是全球平均水平（2.2 公顷）的 4.5 倍；美国和科威特人均生态足迹 9.5 公顷，排在第二位；阿富汗则以人均 0.3 公顷位居末位。

在这份"大脚名单"中，中国排名第 75 位，人均生态足迹为 1.5 公顷，低于 2.2 公顷的全球平均水平。

这份报告显示，美国、日本、德国、英国等发达国家，都是生态赤字很大的国家。巴西、加拿大、俄罗斯、新西兰等国家，由于国土面积辽阔、人口相对稀少，有较好的"生态盈余"，这些生态盈余国家为全球生态环境的维持作出了贡献。

2005 年，亚洲和太平洋地区的生态足迹表明，该地区对自然资源损耗的速度，是其复原速度的两倍，而该地区的人类所需的资源，比该地区可提供的资源高 1.7 倍。这表明，这个地区的自然资源在严重的衰退和供不应求。中国在 1961 年到 2001 年的 40 年中，人均生态足迹的增长几乎超出了原来的一倍。

亚洲是目前世界上经济发展最快、人口最多的区域，其生态足迹对全球有重大影响。比较而言，欧洲和北美的人均生态足迹仍比亚洲的人均生态足迹高 3～7 倍。由此看来，世界不同地区，经济水平不同的国家，对环境承载力的影响是不同的，发达国家对缩小"生态脚印"有更大的责任和义务。

人类从农业社会开始，就在不断的消耗着自然资源，并留下一个个"生态足迹"，不过那时的脚印显得很浅、很小，甚至很快就会被大自然抹平。当进入工业革命时期，这个脚印在逐渐扩大、加深，在世界的许多地方，这个脚印已经很难去掉。进入二十世纪，人类社会在快速发展，对自然资源的需求与破坏也随之快速增长，生态脚印越来越大，越来越深，这些脚印散布在地球的各个角落，给曾经毫发无损的地球，留下了深深的伤痛。

是谁创造了这些生态脚印？是谁使这些脚印留在地球的脸上、身上？是谁还在让这脚印继续加深加大？不是别人，不是任何其他生物，是我们人类自己。

（三）"生物圈 2 号"的启示

20 世纪 80 年代末期，美国耗资近 2 亿美元，在西南部的亚利桑那州南部高原地区的图森市，建造起一座与外界完全隔绝的巨型钢架玻璃建筑物，该建筑物占地 1.3 万平方米，大约有 8 层楼高，为圆顶形密封结构，人们将它称为"生物圈 2 号"。"生物圈 2 号"的名称来源于它的原始模型"生物圈 1 号"——地球。建造这样一个巨型建筑物的目的，是用于探测人类能否在一个封闭的生态系统中生活和工作，以及如何在这里生活和工作，并为探索太空移民的可能性提供参考。

"生物圈 2 号"作为一个模拟地球生态环境的全封闭实验室，

183

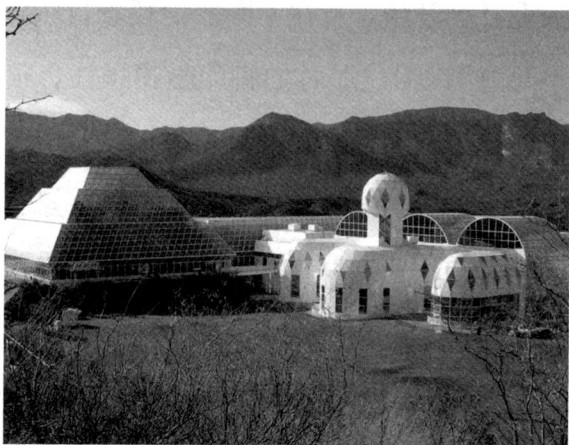

生物圈 2 号

有热带雨林、热带草原、海洋、沼泽和沙漠 5 个野生生物群落，和两个人工生物群落即集约农业区和居住区组成。它以地球北回归线和南回归线间的生态系统为样板制作而成。整个生物圈内共有 4000 多种生物，其中有软体动物、节肢动物、昆虫、鱼类、两栖动物、爬行动物、鸟类和哺乳类等，植物种类有浮游植物、苔藓植物、蕨类植物、裸子植物和被子植物等约 3000 种，微生物约 1000 种，这些生物它们分别来自澳大利亚、非洲、南美、北美等地。

这样一个人工生态系统内，既有高大的树木，也有矮小的灌木和草丛。各个生物群落的生境各不相同，例如海洋有海滩、浅咸水湖、珊瑚礁和海水等。不同的生物群落之间，有相对独立的生态区将它们互相隔离开，例如热带草原和沙漠之间，有一簇簇

灌木丛起到隔离作用。为了防止不同群落之间的相互影响，在其周围种植了耐性强的植物，如热带雨林周围是浓密的姜科植物，能够保护内部树种免遭侧面强光的照射，而与"海洋"相接的地方则用竹子来抵御盐分渗入。

"生物圈 2 号"内部尽量按照地球的自然环境进行配置，对土壤、草皮、海水、淡水等均取自外界的不同地理区域，经过一定的人工处理再加以利用。例如，实验用的海水是将运进来的海水和淡水按照适当比例配制而成的。可以说，"生物圈 2 号"的生物多样性和群落生境的多样性，共同构成了一个相对协调的大生态系统。

"生物圈 2 号"中选择的动植物，主要考虑生态系统的物质循环和能量流动的维持，尤其注意保持动物消费者的生命保障、物种多样性和植物的可利用程度等。同时考虑到自然选择的过程，在植物种类的配置上相对多一些，有利于补偿物种可能发生的灭绝，以促进生态系统的持续稳定。

"生物圈 2 号"是一个完备的现代化超级实验室，它的指挥系统是一个完整的计算机数据采集和控制系统，它通过分布于不同区域的传感器与计算机中心相联通，时刻对内部的变化进行记录和分析。居住区内的指挥室通过 5000 多个传感器，能够有效地监控如温度、湿度、光照强度、水流量、pH 值、CO_2 浓度和土壤湿度等各种监测项目。

"生物圈 2 号"虽然与外界隔绝，但通过电力传输、电信和

计算机与外部取得联系。工作人员在"生物圈2号"内可以看电视，可以通过无线电通讯与外界保持联系。

"生物圈2号"原计划实验两年时间，全部计划分两次进行。1991年9月，首批8位科学家进入，按实验设计要求，在这个封闭的生命维持系统中开始了"居民"生活。他们自己动手做到自给自足，例如栽种自己需要的粮食，饲养牲畜、家禽和鱼类。在其他方面，如水和空气依靠自净达到循环利用，生活废物等也要进入食物链这条渠道，加以转化利用。8位科学家除了在生活上自给自足以外，还要从事科学研究，探究他们的家园内生态环境的变化情况。

在第一次实验进行到21个月时，8名科学家不得不暂时撤出，原因是氧气浓度以每月0.5%的速度不断下降，从21%一直下降到14%，与地球上海拔超过1200米的地方相似。这样的氧气浓度对于长期生活其中的研究人员，会造成身体危害，于是科学家们不得不撤出"生物圈2号"。

经过进一步的研究和总结，1994年3月有7位科学家再次进驻"生物圈2号"。工作10个月后，最终因为物质循环和能量流动的障碍，大部分脊椎动物死亡，25种脊椎动物死去了19种，蜜蜂等传粉昆虫也相继死亡，并造成依靠它们传播花粉的植物也随之死亡。而另一些植物如牵牛花则发生疯长，黑蚂蚁也因环境适宜而大量繁殖。降雨失控，人造沙漠变成了丛林和草地。空气再次恶化。一系列的变化，迫使科学家们被迫再次撤出，并宣告

"生物圈2号"实验失败。不过，它在不经意间给人们留下了一些佳话。"生物圈2号"称得上是一个"小联合国"，居民分别来自美国、英国、墨西哥、尼泊尔等7个国家。在这个"小联合国"里，培育出了爱情之花。实验结束几个月后，两批居民中分别有一对结成伉俪。这或许应了一句古话：患难见真情。

另外，由于粮食歉收，"生物圈2号"的居民不得不控制饮食。结果第一批居民中的4名男性体重平均下降18％，4名女性体重平均下降10％，胆固醇的平均值由195下降到正常值125，使得这些平常为减肥而痛苦不已的人平添一份惊喜，真可谓无心插柳柳成荫。当时的一位居民、加利福尼亚大学洛杉矶分校的罗伊·沃尔福德教授甚至继续维持当时的食量，"因为那样有助于健康"。

"生物圈2号"实验尽管以失败而告终，但它作为世界上最大的密闭式人工生态系统实验，为人类再造生物圈取得了前所未有的经验。它作为一种永久性人工生态系统的地面模拟装置，为人类未来的地外星球定居，提供了重要的基础性研究。如今，它在哥伦比亚大学的管理下继续为科学研究服务。"生物圈2号"已成为哥伦比亚大学手中的一张王牌。"我们的目标是，将'生物圈2号'发展成对地球系统的科学、政策和管理事务进行教育、研究和交流的首选。"该校副校长迈克尔·克罗表示。洛克菲勒大学乔尔·科恩和明尼苏达大学戴维·蒂尔曼这两位科学家认为，"生物圈2号"与哈勃望远镜有某些相似之处。耗资巨大

的哈勃望远镜刚刚上天之时，由于所拍照片模糊不清而备受批评，但时至今日它已成为天文学研究不可或缺的重要工具。同样地，"生物圈2号"也有望在今后成为人类进一步认识地球的重要基地。

"生物圈2号"的经验与教训同时告诫我们，在茫茫宇宙中，人类要想脱离地球这个家园到别处去谋生，并非易事。我们只有善待地球，保护地球，才是最好的选择。地球是我们唯一的家。

（四）离不开的家园

到太空去，自古以来就是人类的理想。希腊神话中的阿波罗是太阳神，阿耳忒弥斯是月亮女神，他们都是司掌光明的。太阳神和月亮女神的想象，在于解释太阳和月亮。我国嫦娥奔月的神话，体现了古人对探求月亮秘密的向往，月亮是一座广寒宫的大胆猜想，与今天知道的月亮状况有些接近，月亮确实是一个了无生机的星球。

向往离开地球，是古人对地外星体的一种探求欲望。今天的登月工程和各种太空实验，既有古人一样的想法，也同时有将来进行太空移民的雄心。无论是当年美国的阿波罗登月计划，还是前苏联的"和平号"空间站，和正在运行的国际空间站，都标志着人类具备了离开地球到太空去的能力。

"和平号"空间站是前苏联第三代载人空间站，也是人类历史上的第 9 座空间站。1969 年，前苏联将"联盟 4 号"飞船同"联盟 5 号"飞船实行了对接，建成了"世界上第一个宇宙空间站"，但这些空间站的寿命都是短暂的。"和平号"空间站的建立，标志着人类实现了在太空的"永久性"居住。

"和平号"空间站的核心舱于 1986 年发射升空，后来又陆续对接了一系列实验舱，到 1996 年，组成了总空间近 400 立方米的一座空间站。经过 10 年时间的不断添砖加瓦，建成的"和平号"空间站是一个呈"T"型结构的巨大航天器，由一个核心舱和 5 个对接舱组成，全长 32.9 米，重约 137 吨。它在距离地球 350～450 千米的轨道上运转，约 90 分钟环绕地球一周。2001 年 3 月 20 日，"和平号"空间站由于设备老化和缺少经费支持等原因，在度过它的 15 岁生日后，返回地球坠毁于太平洋。15 年来，"和平号"空间站总共绕地球飞行了 8 万多圈，行程 35 亿千米，共有 93 次与货运飞船的成功对接，美国航天飞机也曾 9 次访问过它。先后 46 个科学小组在站上从事科学研究，共有俄罗斯、美国、英国、法国、德国、日本等 12 个国家的 135 名宇航员在空间站工作过。他们先后完成了 23 项大型国际科学研究计划，共进行了 1.65 万次科学试验，获得了大量重要的科学成果。这些研究和探测，大大丰富了人类对地球和宇宙的认识。

"和平号"空间站创造了宇航员在太空连续生活 438 天的新纪录，这一时间记录的意义非常重要，它意味着以第一宇宙速度足够宇航员从地球飞抵火星。另一位宇航员则创造了 3 次进入空

95 年 2 月，"发现号"航天飞机与"和平号"空间站对接

间站，共生活 748 天的累计时间纪录。宇航员们共在"和平号"上进行了 78 次太空行走，在舱外空间逗留的时间达 359 小时。"和平号"空间站是人类历史上一次伟大的创举，它的体积最大，应用技术最先进，在太空的飞行时间最长，完成的科学研究活动最多。它为研究人类在太空的永久定居所作出的贡献是不可估量的。

继"和平号"空间站之后，美国提出了建造国际空间站的设想，这是一个以美国和俄罗斯为主导的国际合作项目。1998，国际空间站的第一个组件——"曙光号"功能货舱首先到达太空，之后其他太空舱相继达到，并实现了对接。2000 年首批 3 名宇航员进驻国际空间站，开始了长期载人和科学研究。按照计划，国际空间站将在 2010 年建成。国际空间站建造过程中，除了直接从地面发射升空运送设备以外，美国的航天飞机在设备和人员运送中发挥了重要作用。

国际空间站的设计历时 10 年，共有 16 个国家参与研制。它的设计寿命为 10～15 年，完全建成后，总质量约 438 吨，长 108 米、宽 88 米，大致相当于两个足球场大小。舱内可载 6 名宇航员，以供进行长期的科学研究。空间站的运行轨道高度为 397 千米。

由于"和平号"空间站已完成其历史使命，国际空间站将成为人类进行太空资源开发和研究的重要基地，它将继续进行地球观测和天文观测，为人类了解地球提供科学依据，为进一步的太空探测积累资料。国际空间站作为人类在太空居住的一个巨型标志，将发挥重要的作用。

一方面人类在做着永久性载人空间站研究，另一方面，人类在探测着更遥远的外太空的秘密。

1977 年发射升空的"旅行者 1 号"探测器，已在太空飞行了 30 多年，如今，它正以第三宇宙速度向太阳飞去，距离太阳约为 162 亿千米，是离地球最远的飞行器。

"旅行者 1 号"是一艘无人外太阳系太空探测器，重 815 千克。原来设计的主要目标，是探测土星、木星及其卫星与环。现在，它早已完成对这两颗行星的探测，并发回一系列照片和数据，已经进入太阳系最外层边界，并即将飞出太阳系，它的任务是探测太阳风。

"旅行者 1 号"携带了丰富的地球信息，用于向外太空宣达。

它携带了一张铜质磁盘唱片，内容包括用 55 种人类语言录制的问候语和各类音乐，以向可能遇到的"外星人"表达人类的问候。55 种人类语言中有古代美索不达米亚语，还有 4 种中国方言。问候语为："行星地球的孩子向你们问好！"还有当时的美国总统卡特的问候："这是一份来自一个遥远的小小世界的礼物。上面记载着我们的声音、我们的科学、我们的影像、我们的音乐、我们的思想和感情。我们正努力生活过我们的时代，进入你们的时代。"

"我们正努力生活过我们的时代，进入你们的时代。"无论是否会有外星人接受到这样的信息，但这话表明地球人类正进入一个全新的时代。这个时代既需要理想又要有理性，既要大胆探索，又要面对现实。到太空去，是美好的向往，是可实现的规划。我们居住的地球，也需要人类很好的呵护，它是我们离不开的家园。

科学的魅力就在于无限的遐想和努力去做。无论"旅行者 1 号"还是国际太空站，都只是人类的一个大胆的探索。我们可以到太空去，但我们的根仍然在地球。大规模的太空移民，还是十分遥远的事情，"生物圈 2 号"实验的失败，甚至预示着难以实现。但这并不能阻止人类对于太空的向往。美国太空总署的"太空移民设计大赛"仍一如既往地进行着。

2009 年，加拿大的华裔青年温家辉，以最出色的设计，获得了"太空移民设计大赛"的冠军。温家辉参加太空设计大赛的作

品，是一座能够居住大约一万居民、接待 300 多名外来游客的太空城市。这座太空城市有政府、学校、旅馆、研究机构和能源仓库，可以为居民提供氧气、供水、通讯等服务，还可以种植农作物和进行食品

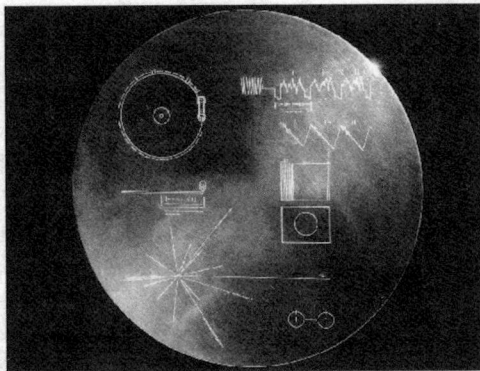

"旅行者 1 号"铜质磁盘上的图案信息

加工等，与地球社会的功能很相似，可以满足人类生活的一切需要。

温家辉在获奖演说中有这样一句话，"不要丢掉自己的梦想！"是的，人类一直在为实现梦想而努力。

让我们从太空回到地球，再来看看人类对于地球除了掠夺性开发以外，还做了什么，还需要做什么。

人类已有的知识告诉我们，地球是目前已知唯一适合人类生存的星球。这个星球在 46 亿年的历史中，用 8 亿年的时间，孕育出了最早的生命，而高等生物的出现，是很晚很晚的事情。大约在 7 千万年前，才从哺乳动物中分化出了灵长类动物，在一、二千万年前，从古猿中分化出了一支向人的方向发展，一直到大约三百万年前，终于进化出了能够使用工具的人类。此后，原始人类一边经历着大陆沧海桑田的变迁，一边向地球各地迁移，他们艰难的适应着不同的自然环境，最终形成了不同肤色的各种现

193

温家辉设计的太空城

代人。

　　人类从早期的农耕文明发展到繁荣的农业社会，又用了几千年的时间。在这漫长的过程中，对自然资源的依赖逐步减少，对地球自然面貌的影响越来越大，开垦农田使森林和草原逐步退缩。但从总体上，人类还是与大自然和谐相处的，野生动物仍过着自己安宁的生活，江河依旧泛着清波，地球还是像一个青春少女一样迷人。

　　200多年前，工业革命的钟声敲响，人类开始告别单一的农耕生活，隆隆的机器声曾经让人引以为骄傲，从地下到地表，从陆地到江河，人类开始对地球大动手脚，沉默的地球开始了暗暗

的哭泣。因为，大气污染开始了，河流污染开始了，森林到处都遭到砍伐，草原植被也走向退化，城市在急剧发展，乡村也竖起了高高的烟囱，道路一直在拓宽、在延伸，向着深山，向着遥远的地方……文明发展的哪里，对地球的伤害就带到哪里。

有一句话说，不在沉默中爆发，就在沉默中灭亡。于是，地球开始了反抗，开始了对人类的报复。恩格斯首先发现了这种报复，他指出："不要过分陶醉于我们人类对自然界的胜利。对于每一次这样的胜利，自然界都对我们进行报复。""美索不达米亚、希腊、小亚细亚以及其他各地的居民，为了得到耕地，毁灭了森林，但是他们做梦也想不到，这些地方今天竟因此而成为不毛之地，因为他们使这些地方失去了森林，也就失去了水分的积聚中心和贮藏库。阿尔卑斯山的意大利人，当他们在山南坡把在山北坡得到精心保护的那同一种枞树林砍光用尽时，没有预料到，这样一来，他们就把本地区的高山畜牧业的根基毁掉了；他们更没有预料到，他们这样做，竟使山泉在一年中大部分时间内枯竭了，同时在雨季又使更加凶猛的洪水倾泻到平原上。"这只是森林的报复。20 世纪以来，还有著名的伦敦烟雾事件、日本的水俣病等等。除了"天灾"，还有人祸，俄罗斯的切尔诺贝利核电站泄露，我国的松花江化学污染等，都是对人类不负责任的行为，给予的无情的回报。

被毁坏的森林需要恢复，破坏的草原需要滋养。被污染的大气需要净化，淡水危机需要化解。被掏空的地壳该如何处置，海

水倒灌用什么办法解决？已经绝灭的物种不能死而复生，谁能拯救那些濒危的动物和植物？化石燃料用什么替代，短缺的粮食怎样弥补？等等，这一切，都需要人类自己来回答。

人类的生存离不开陆地和森林。地球的陆地面积约占29%，2005年世界森林面积约为39.5亿公顷，占陆地面积的30.3%。2005年世界森林面积与1990年相比较，约减少1.3亿公顷。2000～2005年间，全世界有731.7万公顷的森林从地球上消失。1990～2000年世界森林面积总计每年约减少889万公顷，2000～2005年每年约减少732万公顷。

制止对森林的乱砍滥伐和帮助森林恢复，是维持森林面积稳定的唯一办法。澳大利亚科学家运用无线感应网络，进行森林环境监测，能够帮助当地已经濒危的热带雨林的恢复。他们在国家森林公园内，利用先进的无线太阳能充电感应器，测量各种环境因素的变化，如温度、湿度、光照、土壤湿度和风速等，然后将这些信息传送给位于昆士兰的布里斯班市的一台计算机中央数据库，由计算机进行分析，然后再根据计算机的分析，对森林进行有效的保护。澳大利亚科学家所研究保护的这块热带雨林，被联合国教科文组织列入世界自然遗产名录，雨林的植被类型极其丰富，几乎保存着世界上最完整的地球植物进化记录。因此，用这种最先进的森林环境监测方法，能够从气候改变到土壤湿度等各个方面，了解它们对植物及其种类的影响，从而为森林保护提供科学依据。

森林火灾不仅造成森林面积的减少，它还是一种世界性、跨国性的重大自然灾害。20世纪90年代后期，火灾毁灭了数百万公顷的热带森林，并对全球的生态平衡产生了严重的影响。2002年，俄罗斯损失了1170万公顷的森林，2003年更高达2370万公顷，这一面积几乎相当于一个英国。1997～1998年，发生在印度尼西亚的一场森林大火，不仅烧毁了500多万公顷的森林，更为严重的是给周边地区造成了严重的大气污染，甚至距离该国较远的澳大利亚、菲律宾和斯里兰卡等国，都因为这场大火产生的灰色烟雾损害了空气质量。

森林火灾后的恢复，是保护森林的一项重大问题。森林学家经过7年的不懈努力，对印度尼西亚热带雨林火灾后的自我更新及恢复过程的研究，取得的成果喜人。他们发现，森林结构在火灾后恢复的速度相对较快，而树种组成在灾后的7年里几乎没有恢复；地上生物量火灾后急剧下降，7年来一直保持很低的水平。由此，他们提出一整套灾后森林重建机制，有效地帮助了当地森林工作人员和居民的森林恢复工作。

江河湖泊的污染，既破坏了淡水资源，导致物种绝灭，又严重影响了自然景观。英国泰晤士的污染治理，为治理河水污染提供了优秀的范例。泰晤士河全长约400千米，横贯英国首都伦敦等10多个城市。有人曾说，泰晤士河是世界上最优美的河流，"因为它是一部流动的历史。"19世纪前，泰晤士河河水清澈，水中鱼虾成群，河面飞鸟翱翔。但随着工业革命的兴起，大量工厂

沿河而建，两岸人口激增，大量工业废水和生活污水未经处理流入泰晤士河，导致水质严重恶化。到上世纪 50 年代末，泰晤士河水中的含氧量几乎等于零，鱼类几乎绝迹，泰晤士河变成了一条"死河"。英国政府从 60 年代开始通过立法治理排污，对直接排放工业废水和生活污水作出了严格的规定，并建设了 450 多座污水处理厂，形成了完整的城市污水处理系统，每天处理污水近 43 万立方米。经过 20 多年的治理，终于使泰晤士河由一条"死河"，变成了世界上最洁净的城市河流。泰晤士河重新焕发生机，河水清澈见底，河中鱼类已恢复到 100 多种，鱼儿多了，水鸟又飞了回来。世界各地的游客，在美丽的泰晤士河上，重新阅读着这部"流动的历史"。

世界上的许多河流是跨国界的，例如多瑙河是欧洲第二大河，它发源于德国西南部，流经奥地利、保加利亚等 10 个国家。我国的澜沧江流出中国国境以后称为湄公河，它流经老挝、柬埔寨、泰国和越南。对于这些跨国界的河流，在资源共享的同时，也需要携手管理和治理。欧美的一些国家已开始转变管理模式，从过去的部门分割管理转向综合的水资源管理。实行对供水、污染控制、农业、水电、防洪和航运等统筹规划，从而有效地改善了对日益紧缺的水资源的配置。例如，欧洲制定了《水资源管理框架指导方针》，美国有《清洁水法》，这种依法管理水资源的办法，为整个流域的水资源分配和污染治理奠定了基础。新的管理模式鼓励公众和利益相关者参与，水资源是共享的，每一个人参

与者也同时有一份责任和义务。

对于温室效应导致的全球气候变暖问题，需要全球合作，共同控制二氧化碳等温室气体的排放。分别于 1992 年和 1997 年诞生的《联合国气候变化框架公约》和《京都议定书》，是指导全球合作的纲领性文件，特别是《京都议定书》，它是限制发达国家温室气体排放以抑制全球气候变暖的重要文件。《京都议定书》规定，到 2010 年，所有发达国家二氧化碳等 6 种温室气体的排放量，要比 1990 年减少 5.2％。各发达国家从 2008 年到 2012 年必须完成的削减目标是：与 1990 年相比，欧盟削减 8％、美国削减 7％、日本削减 6％、加拿大削减 6％、东欧各国削减 5％～8％。

《京都议定书》需要在占全球温室气体排放量 55％以上的至少 55 个国家批准，才能成为具有法律约束力的国际公约。当中国、欧盟及其成员国、俄罗斯等大多数国家相继批准《京都议定书》时，美国上一届政府却以"减少温室气体排放将会影响美国经济发展"等为借口，拒绝批准这份文件。美国人口仅占全球人口的 3％～4％，而排放的二氧化碳却占全球排放量的 25％以上，是全球温室气体排放量最大的国家，对控制温室气体排放、遏制气候变暖有重要的责任。

美国总统奥巴马上任后的新一届政府，尽管还没有批准《京都议定书》，但已经在控制二氧化碳的排放上作出了实际行动。已经公布了一项汽车节能减排计划，到 2016 年，美国境内新生

产的客车和轻型卡车每 100 千米耗油不超过 6.62 升，二氧化碳排放量将比现在平均减少三分之一。这项计划将使美国在 2012 年至 2016 年减少使用原油 18 亿桶，温室气体排放量将减少 9 亿吨。已经通过的《美国清洁能源安全法案》首次对美国企业二氧化碳等温室气体排放做出限制，要求到 2020 年之前实现排放量比 2005 年水平减少 17％，到 2050 年之前减少 83％。

只要世界各国共同携手，控制二氧化碳等温室气体的排放，气候的变暖就会得到改变。

酸雨的控制同样也需要国际合作。由于二氧化硫等酸性物质在大气中能够长距离传输和扩散，所以，酸雨的跨国界危害非常严重。例如在亚洲，越南的硫沉降 35％来自本国排放，19％和 39％分别来自泰国和中国；尼泊尔 60％以上的硫沉降来自印度；中国和韩国对日本西南部的硫沉降起着重要作用。我国在全国范围内划定了酸雨控制区和二氧化硫污染控制区，对各省二氧化硫的排放总量有明确的限制指标，限制燃煤含硫量、列出了重点污染治理单位，并同时实行收费和处罚等措施。

人类与地球，生存与毁灭，越来越严重的问题摆在我们面前。怎么办？到太空去？目前以至未来只是少数人的事。何时能够进行大规模的太空移民？谁也不知道。"生物圈 2 号"昭示着希望渺茫吗？也许是。

爱护地球吧！请不要忘记，她就是大地女神，她就是我们共同的母亲。